Lehmanns FACTs!
Biochemie

Dr. Sabine Meyer-Rogge

Dr. Kai Meyer-Rogge

mit 97 Grafiken und 10 Tabellen

1. Auflage

1. Auflage 2005

Anschrift der Autoren:
Dr. Sabine Meyer-Rogge
Dr. Kai Meyer-Rogge
Oberpforte 7
35321 Laubach
info@media4science.de

Hergestellt für Lehmanns Fachbuchhandlung

Gesamtherstellung: © KVM Dr. Kolster Produktions- und Verlags-GmbH, Marburg
Redaktion: Sylvia Krause, Marburg
Fachlektorat Medizin: Dr. Bettina Schlindwein, Gießen
Satz und Layout: Sylvia Krause, Marburg
Covergestaltung: Dr. Günter Körtner, Marburg
Grafiken: Dr. Sabine Meyer-Rogge, Laubach
Druck: J.P. Himmer GmbH & Co. KG, Augsburg

Printed in Germany
ISBN 3-86541-093-6
978-3-86541-093-1

Inhaltsverzeichnis

Zeichenerklärung:

→	Reaktionspfeil
→	Stelle, an der der Stoffwechselprozess reguliert wird
→	Transportpfeil
-//→	Stelle, an der die Reaktion unterbrochen ist
---→	Verknüpfung im Stoffwechsel
→	Summenreaktionspfeil
↑	Stoffmenge nimmt zu/verstärkte Reaktion
↓	Stoffmenge nimmt ab/verminderte Reaktion
+ATP	ATP wird gebildet
-ATP	ATP wird verbraucht
$-P_a$	rote Reaktionsteilnehmer = Umsetzung von Phosphaten und Reduktionsäquivalenten
⬣	Verzweigung, die die Verbindung eines Stoffes zu verschiedenen Stoffwechselabschnitten darstellt. Dabei kann der Pfeil sowohl für eine Verbindung stehen, bei der der ein Stoff beide Stoffwechselwege beschreiten kann, als auch für eine Verbindung, in der Stoff nur von einem Stoffwechsel in den anderen übergeht (one-way).

Vorwort

Als Fortsetzung der FACTs!-Reihe greift FACTs! Biochemie das bewährte Landkartenkonzept auf und stellt die Stoffwechselwege in einem übersichtlichen Verzweigungssystem dar.
Von Anfang an waren wir von der Idee begeistert die Biochemie in einem Landkartenprinzip darzustellen. Dennoch war es schwierig den kompletten Lehrstoff in einem Taschenbuch unterzubringen. Das hat uns die ein oder andere schlaflose Nacht gekostet, aber wir hoffen für unsere Leser, dass es uns gelungen ist.
Die Verdichtung der Biochemie auf den handlichen Umfang dieses Buches bedeutet, dass das eine oder andere Lehrbuch zur Unterstützung noch im Regal stehen sollte. FACTs! Biochemie entfaltet seinen eigentlichen Nutzen erst, nachdem die Grundlagen der Biochemie bereits durchgearbeitet wurden. Dann aber wird dieses Buch eine echte Hilfe sein, da seine Gliederung und die Vernetzungsstruktur das Einprägen des Stoffes unterstützen.
Die Hauptstoffwechselwege sind auf zwei deckungsgleichen Seiten mit unterschiedlichem Informationsgehalt dargestellt. Dieser kann durch einfaches Umschlagen der Seiten mal in die eine und mal in die andere Richtung gelernt werden. Am Seitenrand befinden sich Verknüpfungspfeile zu den einzelnen Stoffwechselwegen. Dabei haben wir uns auf das Wesentliche beschränkt, um nicht den Blick für den Gesamtzusammenhang zu verlieren.
An dieser Stelle sei dem KVM-Team gedankt, allen voran Dr. Bernard Kolster, von dem die Idee zu diesem Buch ausging. Für ihre engagierte Mitarbeit danken wir Sylvia Krause, Angela Bechthold und Silke Jäger.
Im Laufe der letzten Monate ist uns wieder einmal klar geworden, wie komplex die Biochemie ist. Am Ende konnten wir aber feststellen, dass durch die gewählte Darstellungsform der Gesamtzusammenhang der Biochemie erkannt und somit das Interesse an diesem Fach geweckt wird. Wir wünschen unseren Lesern die gleiche Erfahrung.

Laubach
März 2005

Sabine und Kai Meyer-Rogge

- Die Biochemie wird von sechs chemischen Elementen dominiert, die zusammen den größten Anteil der Verbindungen in den Zellen bilden. Dies sind die Hauptgruppenelemente Wasserstoff (H), Kohlenstoff (C), Stickstoff (N), Phosphor (P), Sauerstoff (O) und Schwefel (S) (→ Tabelle S. 7). Das Molekül Wasser (H_2O) nimmt als „Lösungsmittel" eine Sonderstellung ein und stellt den Übergang zur anorganischen Biochemie dar. Als das Medium aller Lebensvorgänge sind in ihm nicht nur organische, sondern vor allem anorganische Bestandteile wie Natrium (Na^+), Kalium (K^+), Magnesium (Mg^{2+}), Calcium (Ca^{2+}), Chlorid (Cl^-), Sulfat (SO_4^{2-}) und Phosphat (PO_4^{3-}) gelöst.

- Atome können sich nicht beliebig zusammenlagern, sie müssen in ihren Verbindungen gewissen Regeln gehorchen. Eine davon ist die **Oktettregel**, die besagt, dass ein Atom der Hautgruppe maximal acht Außenelektronen besitzen kann. So hat Kohlenstoff als sechstes Element im Periodensystem sechs Protonen im Kern (Kernladungszahl 6), er besitzt folglich auch sechs Elektronen in der Elektronenhülle. Von diesen Elektronen befinden sich zwei im s-Orbital der 1. Hauptschale und vier in der 2. Hauptschale. Diese verteilen sich zu je zwei Elektronen auf das 2s- und 2p-Orbital. Für chemische Reaktionen sind nur die Elektronen der äußersten Schale von Interesse, vollständig gefüllte Schalen werden nicht berücksichtigt. Die Elektronenkonfiguration des Kohlenstoffs lautet $1s^2 2s^2 2p^2$. Daraus ergibt sich, dass Kohlenstoff maximal vier Bindungen eingehen kann, um auf acht Elektronen in der Außenschale zu kommen.

- Die beiden Standardtypen der chemischen Bindung sind die **kovalente Bindung** und die **ionische Bindung**. Zwischen zwei Atomen ähnlicher Elektronegativität bildet sich eine kovalente Bindung aus (organische Verbindungen z. B. Methan). Besitzen die Bindungspartner stark abweichende Elektronegativitäten, werden sie durch eine ionische Bindung zusammengehalten (Salze, z. B. NaCl). Die Energiewerte beider Bindungsarten betragen etwa 400 kJ/mol. Neben diesen beiden gibt es noch Bindungen mit geringerem Energieinhalt wie die **Wasserstoffbrückenbindung** mit 40 kJ/mol (Dipol-Dipol-Wechselwirkung), die **van-der-Waals-Wechselwirkung** mit 10 kJ/mol (Dipole durch Elektronenfluktuation), die **hydrophobe Wechselwirkung** mit 4 kJ/mol (Abstoßung in hydrophiler Umgebung) und die **ionische Wechselwirkung** mit ebenfalls 4 kJ/mol (hydratisierte Ionen).

Periodensystem

Hauptgruppen

Periode	I	II	III	IV	V	VI	VII	VIII
1	H							He
2	Li	Be	B	C	N	O	F	Ne
3	Na	Mg	Al	Si	P	S	Cl	Ar
4	K	Ca	Ga	Ge	As	Se	Br	Kr
5	Rb	Sr	In	Sn	Sb	Te	I	Xe
6	Cs	Ba	Tl	Pb	Bi	Po	At	Rn
7	Fr	Ra						

Elektronegativität steigend →

Atomaufbau

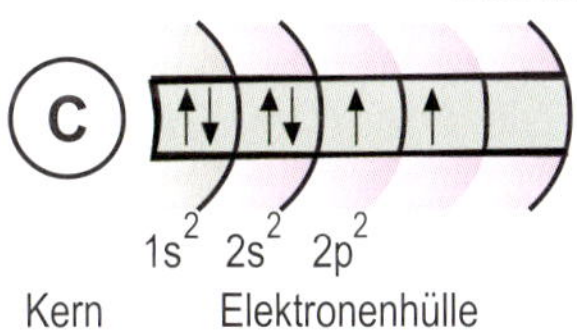

Oxidationszahl	Elektronenanordnung	
+ IV	$1s^2$	= [He]
0		
- IV	$1s^2 2s^2 2p^6$	= [Ne]

Chemische Bindungen

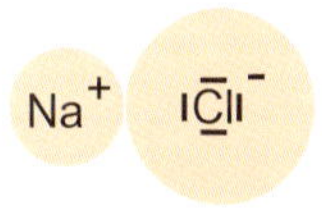

ionische Bindung

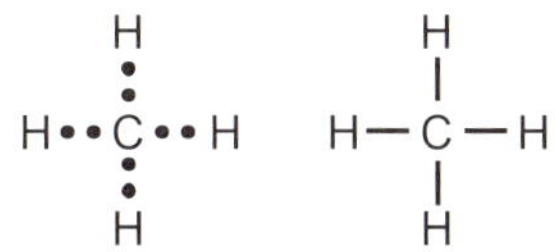

kovalente Bindung

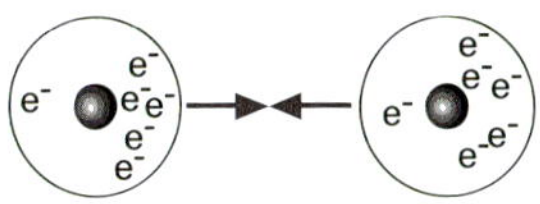

van-der-Waals-Wechselwirkung

Wasserstoffbrückenbindung

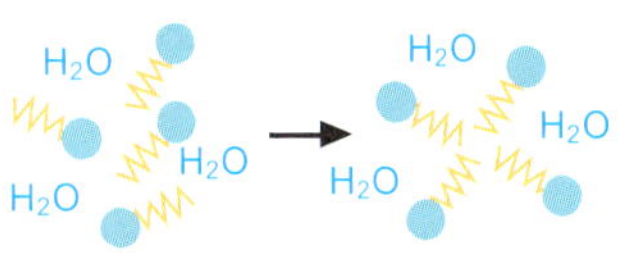

hydrophobe Wechselwirkung

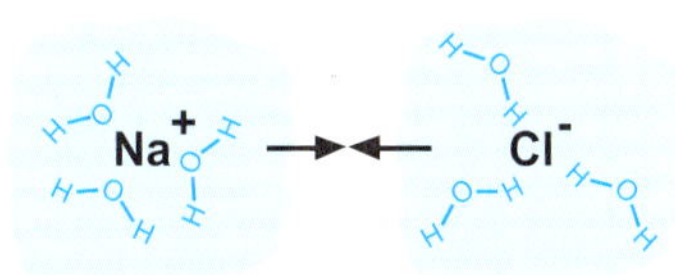

ionische Wechselwirkung

- Der Vorgang der **Oxidation** ist immer mit einer **Reduktion** verknüpft. Der oxidierte Stoff gibt Elektronen ab (Oxidationszahl steigt), welche von einem Reaktionspartner aufgenommen werden. Dieser wird reduziert (Oxidationszahl sinkt). Dies bezeichnet man als **Redoxreaktion.** Um in organischen Verbindungen eine **Oxidationszahl** zu bestimmen, wird ein Atom als Ausgangspunkt gewählt und die Oxidationszahlen aller damit verbundenen Elemente werden aufsummiert. Der umgekehrte Wert ist die Oxidationszahl des Ausgangsatoms in dieser Verbindung. Bei diesem Abzählen werden Bindungen zum gleichen Element nicht gewertet. Für diese Methode ist es hilfreich, die häufigsten Oxidationszahlen in der Biochemie zu kennen (→ Tabelle S. 9).

- Die Vielfalt der organischen Chemie beginnt mit ihrer einfachsten Substanzklasse, den reinen Kohlenwasserstoffen. Die **Alkane**, **Alkene** und **Alkine** enthalten ein-, zwei- und dreifach gebundenen Kohlenstoff. Der nächste Schritt ist die Einführung einer funktionellen Gruppe wie z. B. im Alkohol. Je nach Position der funktionellen Gruppe unterscheidet man primäre, sekundäre und tertiäre **Alkohole**. Primäre Alkohole ergeben bei einer Oxidation **Aldehyde** (Alkanale) und sekundäre Alkohole **Ketone** (Alkanone). Ein Aldehyd lässt sich noch weiter zur **Carbonsäure** oxidieren, die wiederum mehrere Variationen erlaubt. So reagiert eine Carbonsäure mit einem Alkohol zum **Carbonsäureester**, mit einem Amin zum **Säureamid** oder mit einer weiteren Säure unter Abspaltung von Wasser zum **Säureanhydrid**. Am Ende dieser Oxidationsreihe steht das **Kohlendioxid** (Oxidationszahl C = + IV).

- Bei gleicher Summenformel kann die Anordnung der Atome in einem Molekül unterschiedlich sein. Der Chemiker bezeichnet diese Situation als **Isomerie**. Man unterscheidet **Konstitutionsisomerie** und **Stereoisomerie**. Im ersten Fall sind Atome und Bindungen innerhalb eines Moleküls unterschiedlich angeordnet (z. B. Butan/Isobutan). Im zweiten Fall ändert sich das Grundgerüst des Moleküls nicht, aber die relative Anordung der Atome zueinander.

Redoxreaktionen

	± 0		± 0		$+IV\ -II$
Summe	C	+	O_2	$\longrightarrow$	CO_2

Oxidation $C \longrightarrow C^{4+} + 4e^-$ Elektronen abgeben

Reduktion $O_2 + 4e^- \longrightarrow 2O^{2-}$ Elektronen aufnehmen

Ermittlung der formalen Oxidationszahl

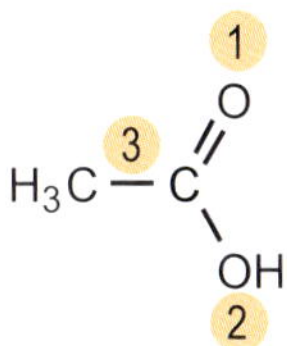

1 Sauerstoff - II

2 Hydroxylgruppe - I

3 C-C-Bindung wird nicht gezählt

Ergebnis:

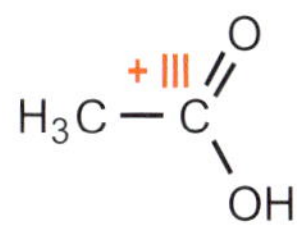

Häufige Oxidationszahlen

H + I	H_2O	P + V	$-OPO_3^{3-}$
C - IV, + IV	CH_4, CO_2	O - II	$-OH$
N - III	$-NH_2$	S + VI	H_2SO_4

Einfache Kohlenstoffverbindungen

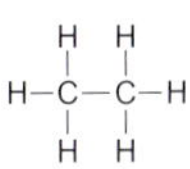
Ethan

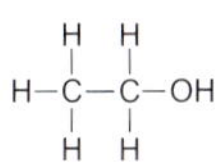
Ethanol

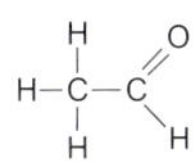
Ethanal

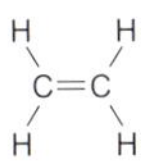
Ethen

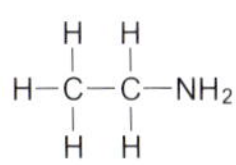
Ethylamin

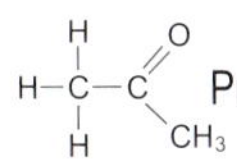
Propanon

$HC\equiv CH$ Ethin

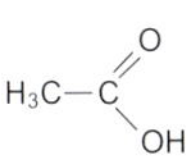
Essigsäure

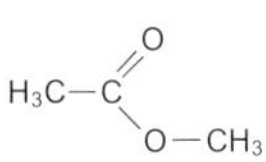
Essigsäure-methylester

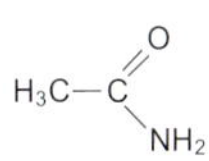
Essigsäure-amid

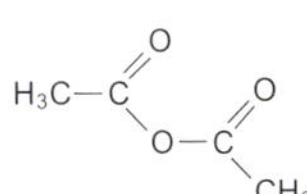
Essigsäure-anhydrid

$O=C=O$

Kohlen-dioxid

- Unter Stereoisomerie fallen cis/trans-Isomerie, Enantiomerie, Diastereomerie und Konformationsisomerie. Um für Stereoisomere einen Modus zur eindeutigen Beschreibung zu finden, wurde von Cahn, Ingold und Prelog die **R/S-Nomenklatur** entwickelt (→ Abbildung S. 11).

- Eine chemische Reaktion in wässriger Lösung besteht immer aus einer **Hinreaktion** und einer **Rückreaktion**. Sind beide Reaktionsgeschwindigkeiten gleich groß, befindet sich die Gesamtreaktion im **chemischen Gleichgewicht**. Dieser Zusammenhang wird durch das Massenwirkungsgesetz beschrieben. Aus dem Verhältnis der Konzentrationen von Produkten und Edukten errechnet sich die Gleichgewichtskonstante K.

- Der **pH-Wert** ist als der negative dekadische Logarithmus der H_3O^+-Ionen-Konzentration definiert. Durch diese Umrechnung ergeben sich leichter handhabbare Zahlenwerte. Um von diesem Ansatz zu der üblichen pH-Skala von 0 (stark sauer) bis 14 (stark alkalisch) zu kommen, muss die Massenwirkungsgleichung auf die Dissoziation des Wassers angewendet werden. Da ein Liter Wasser 55,5 mol H_2O enthält und dieser Wert in verdünnten wässrigen Lösungen nahezu konstant ist, ergibt sich mit der Gleichgewichtskonstante des Wassers ($K = 1{,}8 \cdot 10^{-16}$)unter Anwendung des negativen, dekadischen Logarithmus die pH-Skala. Sie besagt außerdem, dass das Produkt aus Hydroxonium-Ionen (H_3O^+) und Hydroxylionen (OH^-) immer konstant 14 ist.

- So wie der pH-Wert die Dissoziation des Wassers beschreibt, ist es möglich, jede andere Säure oder Base in ähnlicher Weise zu beschreiben. Aus dem Ansatz der Gleichgewichtsreaktion ergeben sich hieraus der **pK_S-Wert** für Säuren bzw. der **pK_B-Wert** für Basen. Damit werden Säuren bzw. Basen in wässriger Lösung nach ihrer Stärke (pK-Wert) eingeteilt. So lässt sich ein Bereich der schwachen Säuren mit $pK_S > 5$ definieren, der insbesondere für die Betrachtung von Puffersystemen wichtig ist. Puffersysteme bestehen aus einer schwachen Säure und ihrer konjugierten Base (z. B. $H_2PO_4^-/HPO_4^{2-}$, $pK_S = 7{,}2$). Sie sind in der Lage den pH-Wert einer wässrigen Lösung innerhalb gewisser Grenzen stabil zu halten. Diese Eigenschaft wird durch die Henderson-Hasselbalch-Gleichung beschrieben. Aus ihr folgt auch, dass die größte Pufferkapazität immer dann vorliegt, wenn der pH-Wert der Lösung dem pK_S-Wert der Säure entspricht.

Konfiguration nach Cahn, Ingold und Prelog (R/S-Nomenklatur)

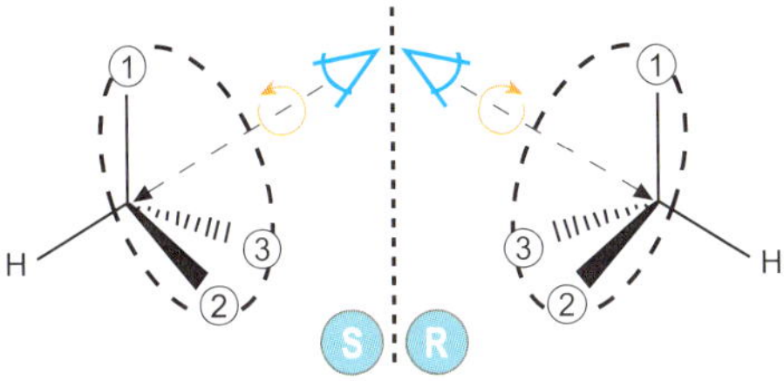

Enantiomere

A) Priorität
   1. Stellung im PSE
   2. Oxidationsstufen

B) Niedrigster Substituent nach hinten

C) Uhrzeigersinn = R
   Gegenuhrzeigersinn = S

Chemische Reaktion - Chemisches Gleichgewicht

Hinreaktion $HCl + H_2O \longrightarrow H_3O^+ + Cl^-$

Rückreaktion $H_3O^+ + Cl^- \longrightarrow HCl + H_2O$

Massenwirkungsgesetz

$$\frac{\text{Konzentration der Produkte}}{\text{Konzentration der Edukte}} = \frac{[H_3O^+]\cdot[Cl^-]}{[HCl]\cdot[H_2O]} = K$$

K = Gleichgewichtskonstante

pH-Wert

$$H_2O \rightleftharpoons H^+ + OH^- \qquad \frac{[H^+]\cdot[OH^-]}{[H_2O]} = K$$

$$[H^+]\cdot[OH^-] = K\cdot[H_2O] = K_w = 10^{-14} \qquad -\lg(\,)$$

$$pH + pOH = 14$$

Puffersysteme - Berechnung

$$H_2PO_4^- + H_2O \rightleftharpoons HPO_4^{2-} + H_3O^+ \qquad pK_s = 7{,}2$$

$$pH = pK_s + \lg\frac{[HPO_4^{2-}]}{[H_2PO_4^-]}$$

Henderson-Hasselbalch-Gleichung

$$pH = pK_s \Rightarrow \frac{[HPO_4^{2-}]}{[H_2PO_4^-]} = 1:1$$

maximale Pufferkapazität

- Kohlenhydrate oder Zucker sind chemisch gesehen Polyalkohole mit der funktionellen Gruppe eines **Aldehyds** oder **Ketons**. Deswegen werden die Zucker in **Aldosen** und **Ketosen** eingeteilt. Ab einer Kettenlänge von drei Kohlenstoffatomen kann man von einem Zucker sprechen, der der allgemeinen Summenformel $C_n(H_2O)_n$ für Kohlenhydrate entspricht.

- Zucker sind **chiral**. Die Voraussetzung für diese Eigenschaft ist ein asymmetrisches Kohlenstoffatom (**Stereozentrum**). So wird ein Kohlenstoffatom mit vier verschiedenen Substituenten bezeichnet (→ S. 10). Ausnahmen sind das Glyceron und meso-Verbindungen. Sie haben eine Spiegelebene im Molekül und sind deswegen nicht chiral.

- Verhalten sich zwei Moleküle wie Bild und Spiegelbild zueinander, dreht jedes dieser **Enantiomere** polarisiertes Licht um den gleichen Betrag, nur in die jeweils andere Richtung. Das Molekül wird als linksdrehend (-) bzw. rechtsdrehend (+) bezeichnet. Gibt es zwei oder mehr Stereozentren in einem Molekül entstehen **Diastereomere**. Sie haben die gleiche Summenformel, sind chiral aber nicht spiegelbildlich zueinander.

- Diastereomere besitzen unterschiedliche physikalische Eigenschaften (Schmelzpunkt, Siedepunkt). Bei einem Enantiomerenpaar ist das nicht der Fall. Hier sind die physikalischen Eigenschaften gleich, obwohl unterschiedliche biologische Wirkungen (Pharmaka) vorliegen können.

- Reagiert eine OH-Gruppe mit dem Carbonyl-Kohlenstoff des Zuckers zu einem Ring, gibt es ein Gleichgewicht zwischen den zwei möglichen Formen. Der Vorgang wird als **Mutarotation** bezeichnet. Die beiden **Anomere** werden in der Formel durch ein vorangestelltes α bzw. β unterschieden.

- Um die Vielzahl der Zuckerisomere zu ordnen, hat der deutsche Chemiker Emil Fischer die **DL-Nomenklatur** sowie eine besondere Schreibweise entwickelt - die **Fischer-Projektion**. Sie wird außer für Zucker auch für Aminosäuren verwendet. Grundsätzlich sind die D-Zucker und die L-Aminosäuren für die Biochemie von großer Bedeutung.

Die wichtigsten Zucker

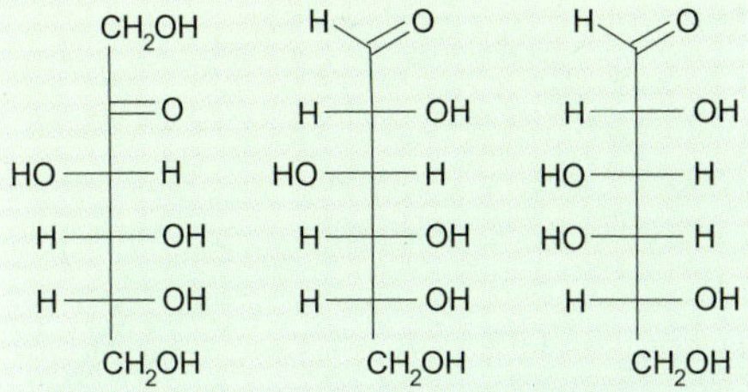

D-Fruktose D-Glukose D-Galaktose

Die kleinsten Zucker

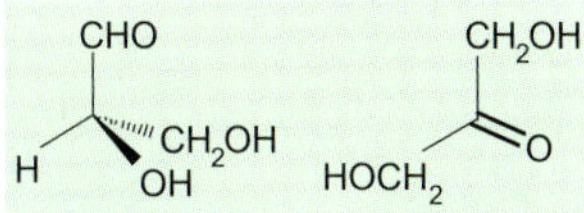

D-Glyceral Aldose — Glyceron Ketose

Darstellungsformen für Kohlenhydrate am Beispiel von

α-(+)-D-Glukopyranose

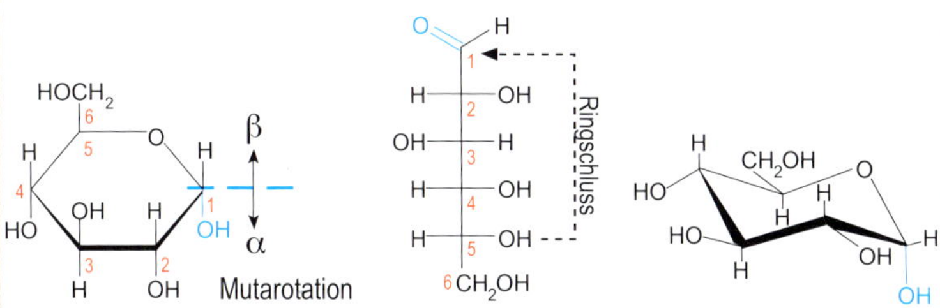

Haworth-Darstellung — Fischer-Projektion — Sessel-Konformation

Stereochemische Zusammenhänge

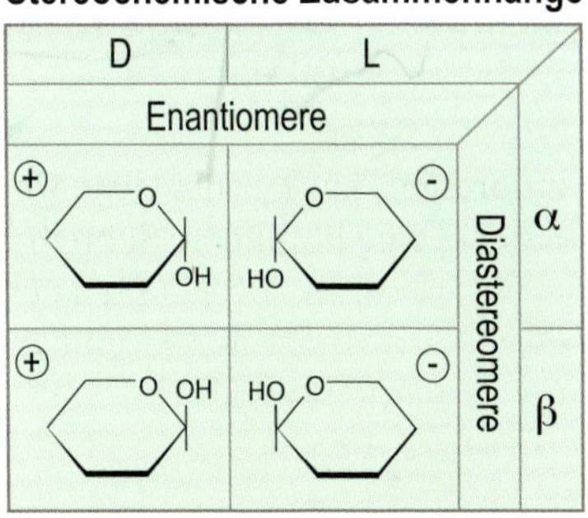

Halbacetalform

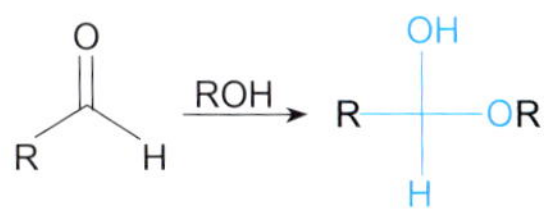

allgemein

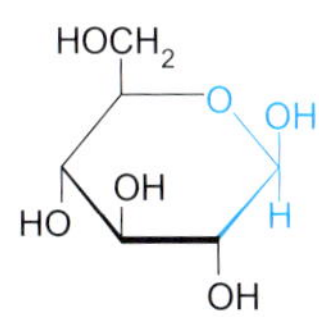

im Zucker

- Die wichtigsten Hexosen (6er-Zucker) sind **Glukose**, **Fruktose** und **Galaktose**. Sie sind Energielieferanten und Synthesebausteine. Die Pentosen (5er-Zucker) **Ribose** und **Desoxyribose** sind als Bausteine der genetischen Speicher RNA und DNA von Bedeutung. Unter physiologischen Bedingungen liegt die Glukose als Ring vor. Dies gilt für alle Zucker mit mindestens fünf Kohlenstoffatomen. Am stabilsten sind Fünfringe (Furanosen) und Sechsringe (Pyranosen). Glukose liegt fast ausschließlich als Pyranose vor, Fruktose hingegen als Furanose.

- Werden Glukose und Fruktose reduziert, entsteht aus beiden der Zuckeralkohol **Sorbitol**. Eine Oxidation an C-2 führt zum Glukonolakton bzw. nach hydrolytischer Spaltung des Ringes zur **Glukonsäure**. Eine zweite Möglichkeit ist die Oxidation an C-6 zur **Glukuronsäure**.

- Die wichtigsten Disaccharide **Laktose**, **Maltose**, **Isomaltose** und **Saccharose** sind aus den Zuckern Glukose, Galaktose und Fruktose aufgebaut. Sie machen den Hauptanteil in unserer Nahrung aus und sind die Bausteine der Kohlenhydratspeicher. Die polymeren **Homoglykane Stärke** und **Glykogen** bestehen aus Maltose- und Isomaltose-Einheiten. Sie enthalten somit ausschließlich α-Glukose.

- **Heteroglykane** enthalten unterschiedliche Zucker und Zuckerderivate, die an Proteinen oder Lipiden gebunden sein können. Man unterscheidet je nach Zusammensetzung Proteoglykane (mehr Protein als Zucker), Glykoproteine (mehr Zucker als Protein) und Glykolipide (mehr Zucker als Lipid; → S. 128).

- **Proteoglykane** bestehen aus Glykosaminoglykanen wie z. B. Hyaluronsäure. Sie sind in der extrazellulären Matrix enthalten und besitzen ein hohes Wasserbindungsvermögen. **Glykoproteine** charakterisieren als Bestandteil biologischer Membrane die unterschiedlichen Blutgruppen auf der Oberfläche der Zelle.

Monosaccharide

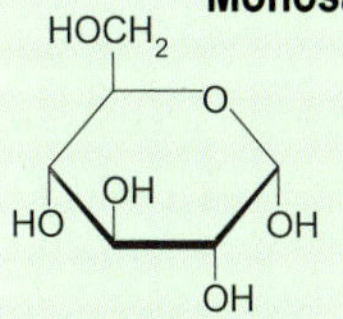

α-Glukose

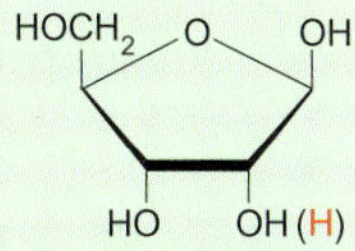

(2-Desoxy)-Ribose

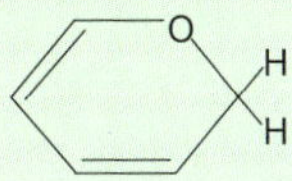

2H-Pyran

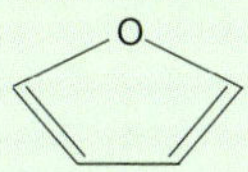

Furan

Redoxreaktionen

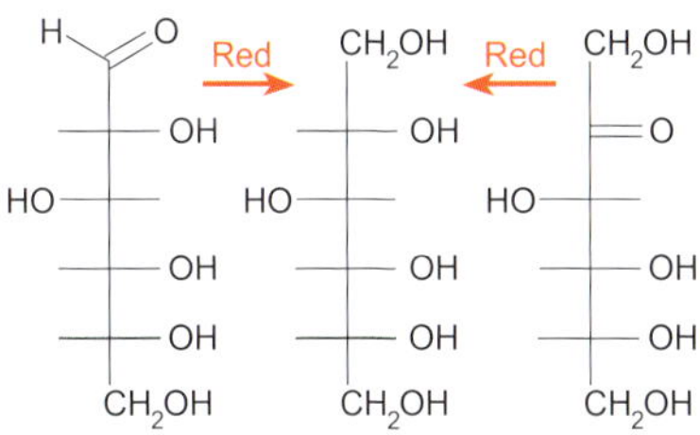

D-Glk Sorbitol D-Fru

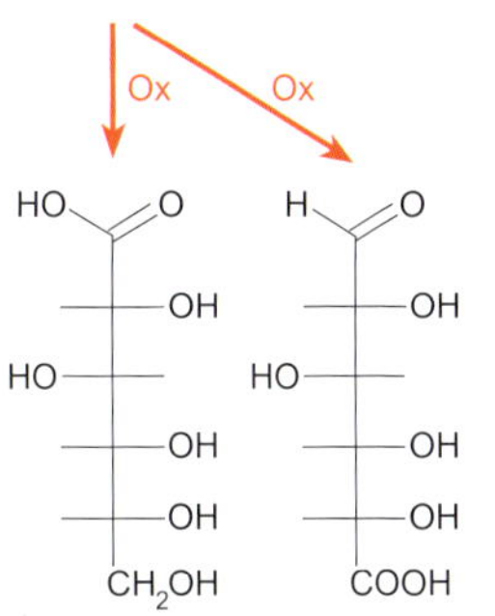

Glukonsäure Glukuronsäure

Glukose	Glk
Galaktose	Gal
Fruktose	Fru

Disaccharide

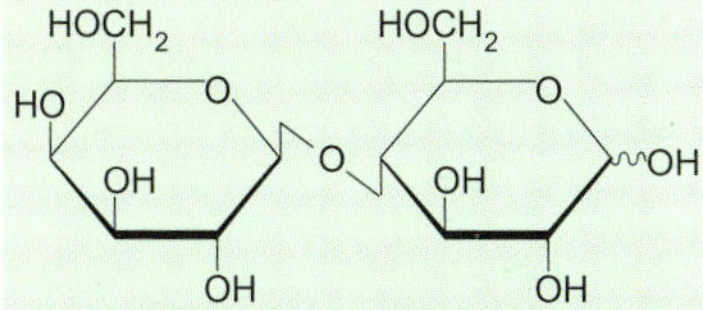

Laktose β-Gal(1-4)Glk

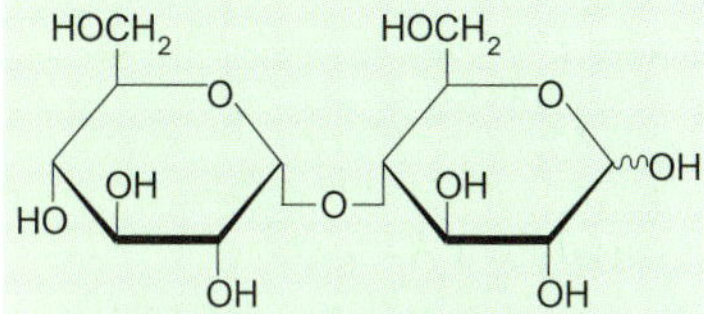

Maltose α-Glk(1-4)Glk

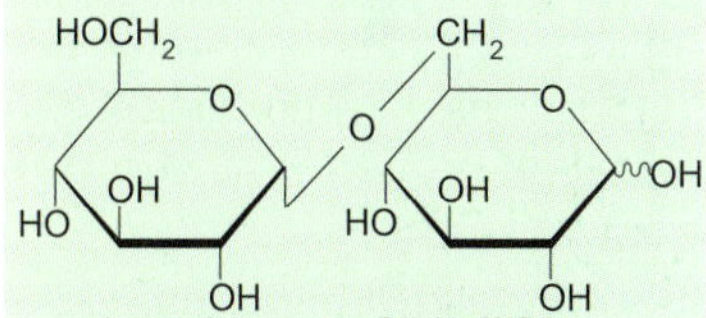

Isomaltose α-Glk(1-6)Glk

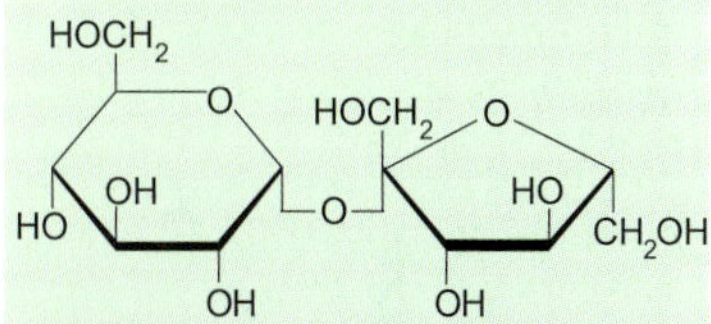

Saccharose α-Glk(1-2)β-Fru

Polysaccharid-Heteroglykan

Beispiel: Hyaluronsäure

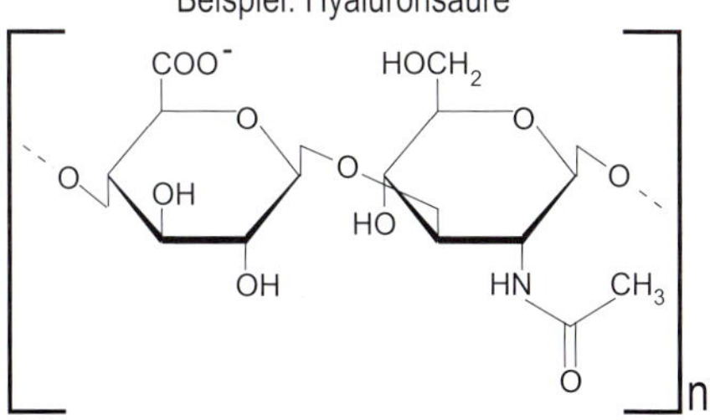

- Die genetische Information eines Organismus ist in der DNA gespeichert. Zur Umsetzung in physiologische Signale sind in den meisten Fällen Proteine notwendig (auch RNA kann katalytisch aktiv sein, Ribozyme). Das Alphabet der Proteine besteht aus 20 Aminosäuren, den **proteinogenen Aminosäuren**. Wie die Kohlenhydrate sind auch die Aminosäuren chiral (einzige Ausnahme: Glycin). Sie besitzen in der Fischerprojektion die **L-Konfiguration**.

- Eine Aminosäure besteht aus einer **Carboxylgruppe**, einer **Aminogruppe** und einer Seitenkette R, die über das α-Kohlenstoffatom verknüpft sind (Ausnahme: Prolin, Iminosäure). Sie unterscheiden sich nur in der Struktur der Seitenkette R. Es gibt Aminosäuren mit unpolaren, polaren und geladenen Seitenketten.

- Jede Aminosäure hat einen spezifischen **isoelektrischen Punkt**. Er ist auch für die Analytik der Proteine eine wichtige Kenngröße. Beim Auftrennen eines Proteingemisches im Elektrophorese-Gel wandern die Proteine je nach eingestelltem Puffer-pH-Wert zur Anode oder zur Kathode.

- Es gibt auch Aminosäuren, die nicht Bestandteil des genetischen Codes sind. Diese **nichtproteinogenen Aminosäuren** werden vom Körper aus proteinogenen Aminosäuren hergestellt. Obwohl sie nicht in Proteine eingebaut werden, üben sie spezielle Funktionen im Organismus aus. Beispielsweise werden Ornithin und Citrullin aus Arginin hergestellt und sind an der Harnstoffsynthese beteiligt.

- Im Stoffwechsel können Aminosäuren ihre funktionellen Gruppen abspalten oder auf andere Verbindungen übertragen. Durch **Transaminierung**, **Desaminierung** und **Decarboxylierung** können Defizite in der Aminosäureversorgung ausgeglichen und wichtige Stoffwechsel-Intermediate gebildet werden.

i Aminosäuren sind Ampholyte. In wässriger Lösung können sie in verschiedenen Ladungszuständen vorkommen. Je nach pH-Wert kann sowohl die Aminogruppe als auch die Carboxylgruppe protoniert bzw. deprotoniert vorliegen. Die Aminosäuren besitzen dadurch eine Pufferfunktion, das heißt sie können den pH-Wert einer Lösung stabilisieren.

Grundstruktur Aminosäure

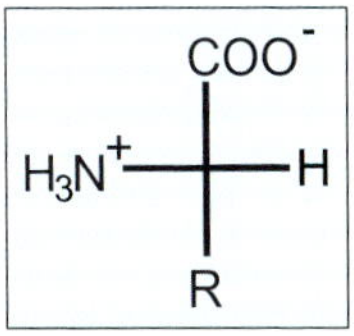

Die Reste (Ausnahme Pro) der 20 proteinogenen Aminosäuren

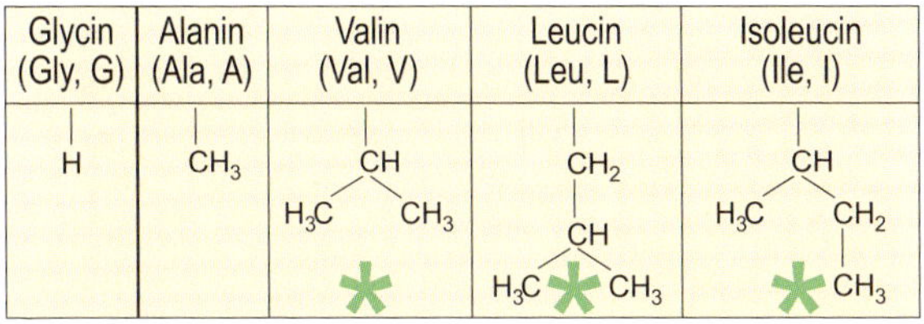

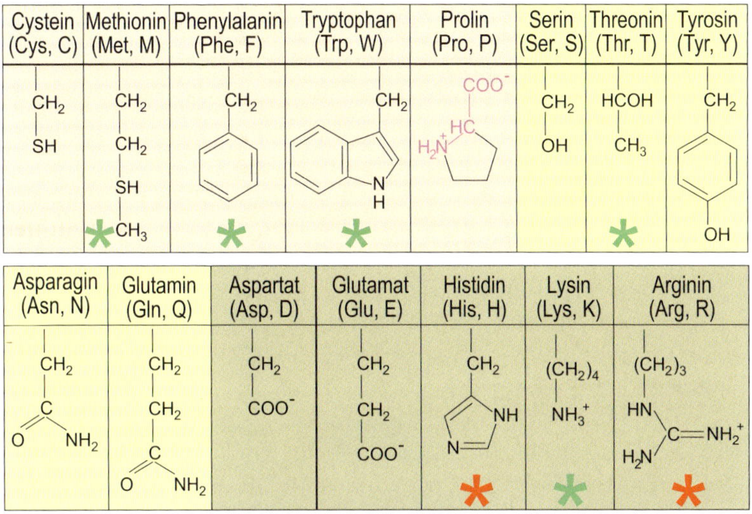

Aminosäuren:

- unpolare
- polare
- geladene
- * essenzielle bei Wachstum und Schwangerschaft
- * essenzielle

Nichtproteinogene Aminosäuren

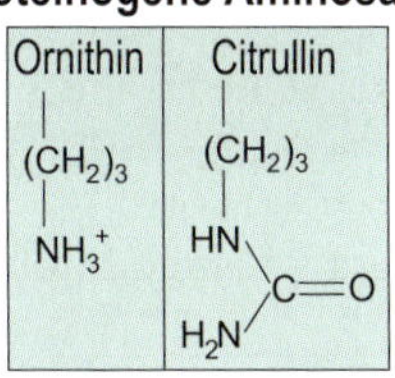

Elektrophorese

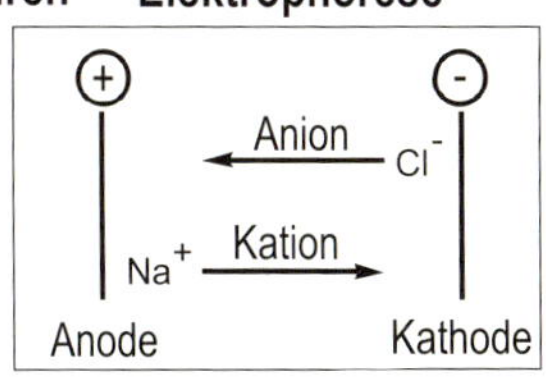

Transaminierung/Desaminierung

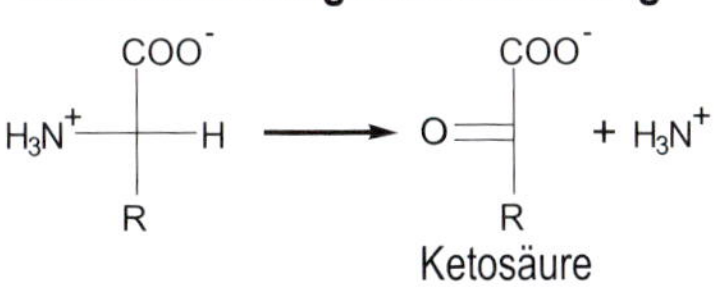

Decarboxylierung

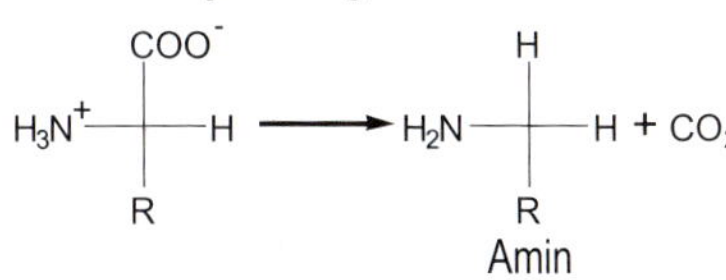

- Die wichtigste Reaktion der Aminosäuren ist die Kondensation zu Polymeren im Rahmen der Translation am Ribosom. Hierbei entstehen Proteine. Die Carboxylgruppe der ersten Aminosäure reagiert mit der Aminogruppe der zweiten unter Bildung einer Peptidbindung. Daraus wird klar, dass ein Protein immer ein NH_2-Ende und ein COOH-Ende hat. Die **Peptidbindung** selbst ist planar, da die Elektronen über das Strukturelement CO-NH-R verteilt sind. Der Chemiker bezeichnet diesen Zustand als **Mesomerie**.

- Aus dieser sequenziellen Anordnung der Aminosäuren, der **Primärstruktur**, entstehen die dreidimensionalen Strukturelemente eines Proteins. Die Aminosäuren können sich entweder entlang eines Zylinders zu einer **α-Helix** winden oder in einer Ebene durch gegenseitige Anlagerung zu **β-Faltblättern** zusammenfinden. Diese beiden Sekundärstrukturelemente werden zum funktionsfähigen Protein kombiniert und bilden die **Tertiärstruktur**. Die höchste Organisationsebene der Proteine wird als **Quartärstruktur** bezeichnet. Hierunter fallen Anordnungen mit mehreren Untereinheiten und Multienzymkomplexe. Außer durch **Wasserstoffbrückenbindung** erfährt ein Protein zusätzliche Stabilisierung durch **Disulfidbrücken** und **hydrophobe Wechselwirkungen**.

- Im Körper üben Proteine unterschiedliche Funktionen aus. Die bekannteste ist die katalytische Funktion als **Enzym**. Sie sind aber auch **Baumaterial** des Gewebes in Form von länglichen Polymeren wie Kollagen. Als **Poren** in den Membranen können sie hydrophile Moleküle durch eine hydrophobe Umgebung schleusen. Proteine können auch nach ihrer Synthese noch modifiziert werden, zum Beispiel durch Anhängen einer Zuckerkette. Diese **Glykoproteine** präsentieren sich als Antennen auf der Außenseite der Zellmembran und bilden die Grundlage unseres Immunsystems.

- Peptide spielen als **Kommunikationssystem** eine große Rolle. Peptidhormone wie z. B. Insulin werden gezielt ausgeschüttet, um über die Bindung an Rezeptoren eine Stoffwechselreaktion auszulösen.

Mesomerie in der Peptidbindung

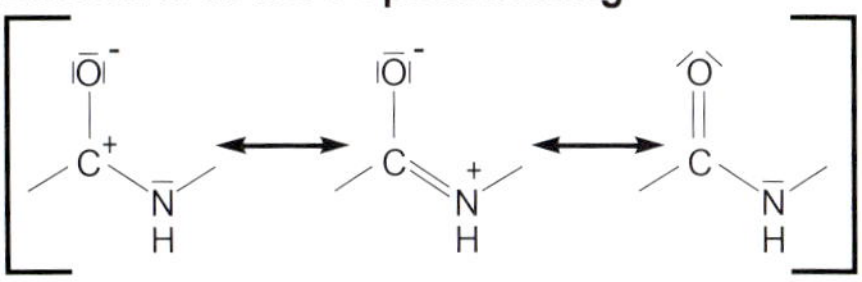

Peptidbindung

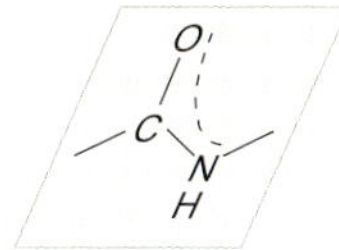

Proteinstruktur

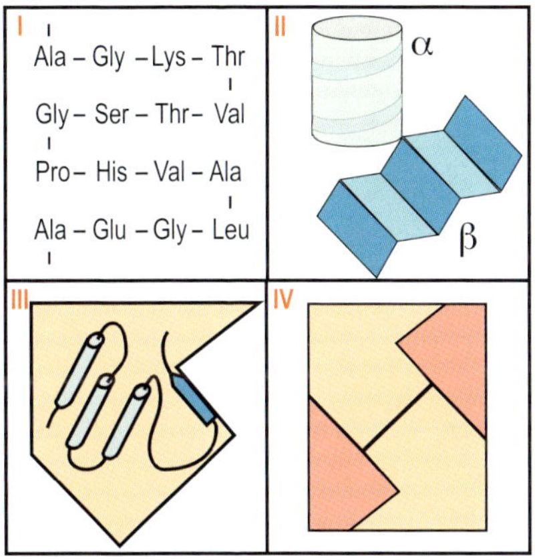

Wasserstoffbrückenbindungen

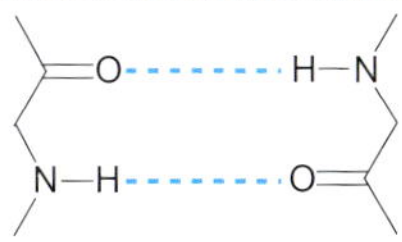

Disulfidbrücken

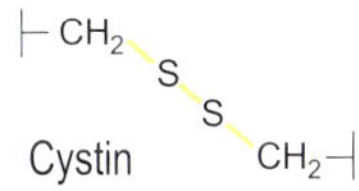

I Primärstruktur
II Sekundärstruktur
III Tertiärstruktur
IV Quartärstruktur

Proteinfunktion

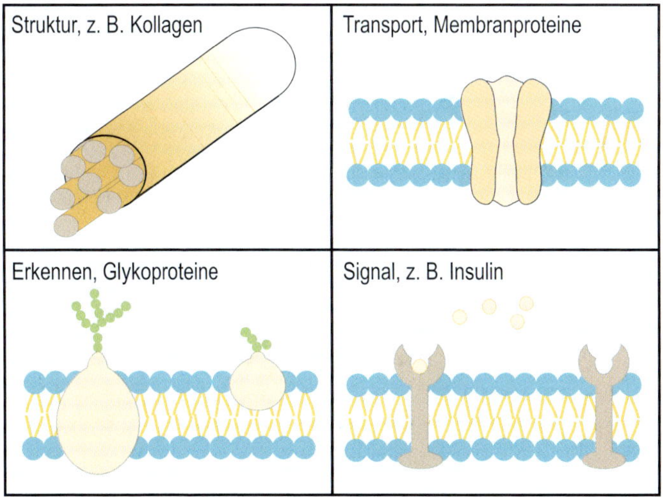

- Die **Lipide** werden als Energiespeicher, Baustoffe von Membranen und zur Wärmeisolation in Form von Fettgewebe eingesetzt. Daneben haben sie noch spezielle Funktionen als Hormone, Vitamine und Gallensäuren. Sie können in drei Substanzklassen mit den Grundgerüsten **Glycerin**, **Sphingosin** und **Isopren** unterteilt werden. Gemeinsam ist ihnen allen das Acetyl-CoA als Ausgangssubststanz ihrer Biosynthese.

- Die Strukturvielfalt der Lipide wird durch die Kombination mit **Fettsäuren**, **Phosphorsäure** und **Zuckern** erreicht. Hierbei nehmen die Fettsäuren eine besondere Stellung ein. Sie können als freie Carbonsäure oder verestert mit einem der Grundgerüste vorliegen. Je nach Länge des Kohlenwasserstoffanteils ist ihr lipophiler Charakter mehr oder weniger stark ausgeprägt. Sobald Doppelbindungen in einer Fettsäure enthalten sind, spricht man von einer **ungesättigten Fettsäure**. Für die Verwertung in unserem Organismus stehen zwei Wege zur Verfügung: **Geradzahlige** Fettsäuren werden zu Acetyl-CoA abgebaut, **ungeradzahlige** Fettsäuren werden über Propionyl-CoA zu Succinyl-CoA umgesetzt.

- Unter den Fettsäuren sind **Linolsäure** und **Linolensäure** essenziell und müssen regelmäßig mit der Nahrung zugeführt werden. Unser Organismus ist nicht in der Lage, diese zwei- und dreifach ungesättigten Fettsäuren selbst herzustellen. Sie sind in den Zellmembranen enthalten und Ausgangsverbindungen für die Synthese der **Arachidonsäure**, auf der wiederum die Eikosanoide basieren (Mediatoren).

- Die herausragendste Eigenschaft der Lipide ist ihr Löslichkeitsverhalten. Manche lösen sich nur in unpolaren Flüssigkeiten, sie sind **lipophil** (fettliebend). Andere besitzen auch einen polaren Bereich und lösen sich zusätzlich in wässriger Umgebung. Sie sind **amphiphil** (lieben beides, polar und unpolar). Daraus resultiert die Fähigkeit, in Lösung spezielle Strukturen auszubilden. An Grenzflächen zu polaren Flüssigkeiten bilden sich **Monolipidschichten** bzw. im polarem Mileu sogenannte **Mizellen**. **Lipid-Doppelschichten** findet man in den Zellmembranen und in Liposomen. Sie besitzen einen inneren, hydrophilen Bereich, der durch eine lipophile Hülle vom übrigen Bereich abgegrenzt ist.

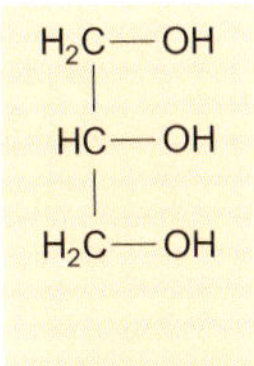

Glycerin

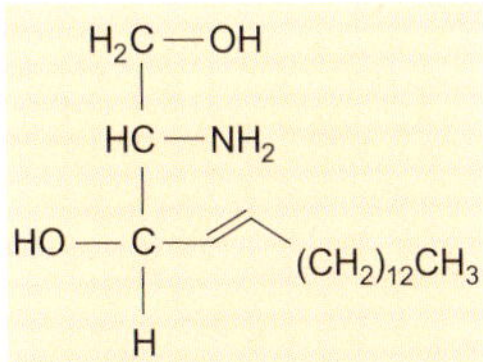

Sphingosin

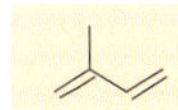
Isopren

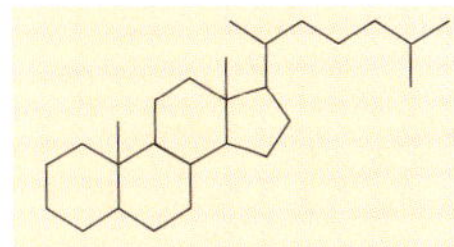
Steran

Gesättigte Fettsäure

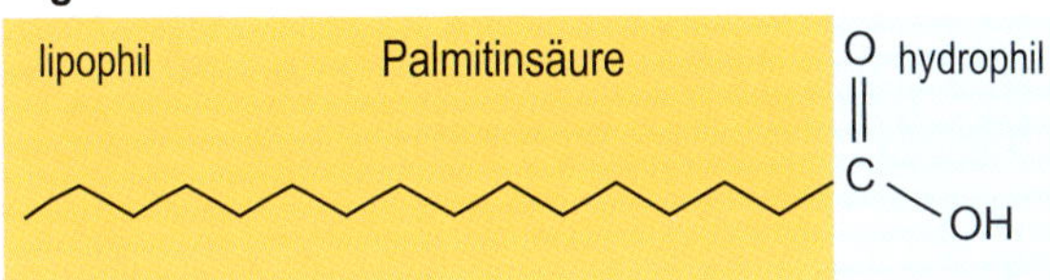

Ungesättigte Fettsäuren

Abbau der Fettsäuren

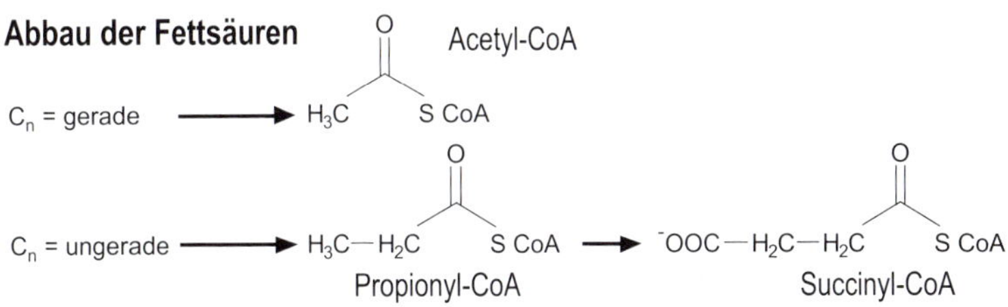

Anordnung von amphiphilen Lipiden an Grenzflächen

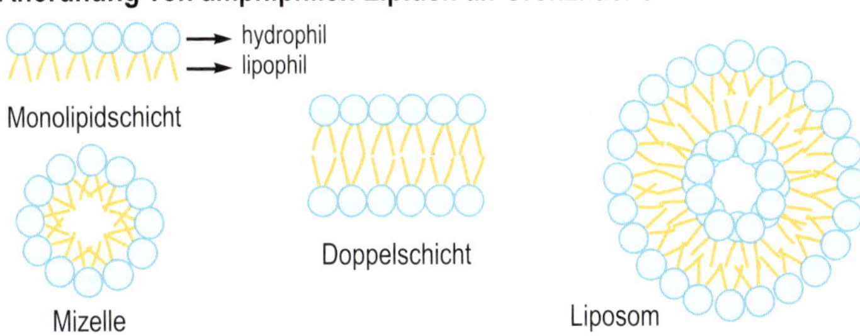

- Durch die Veresterung mit Fettsäuren werden aus der Grundstruktur Glycerin die **Glycerolipide** gebildet. Sie gliedern sich nochmals in die rein lipophilen **Triacylglycerine** und die amphiphilen **Glycerophosphatide**. Erstere sind ausschließlich mit Fettsäuren verestert und bilden das Depotfett, den wichtigsten Energiespeicher für unseren Organismus. Letztere besitzen anstelle einer Fettsäure einen hydrophilen Phosphatrest. Sie sind wichtige Bestandteile der Zellmembranen und können über das Phosphat weiter modifiziert werden, zum Beispiel mit Cholin zum Phosphatidyl-Cholin (Lecithin).

- Die zweite Grundstruktur bildet der Aminoalkohol **Sphingosin**. Er liegt immer derivatisiert als **Ceramid** vor. Durch Anhängen eines Phosphatrestes entstehen **Sphingosinphosphatide**. Das analog zum Lecithin aufgebaute Sphingomyelin ist in den Myelinscheiden enthalten. Treten an die Stelle des Phosphats Zuckermoleküle, entstehen die sogenannten **Glykolipide**. Sie werden in **Cerebroside** und **Ganglioside** unterteilt. Cerebroside haben ein Monosaccharid, meist Galaktose, als Zuckerkomponente. Man findet sie, wie der Name schon vermuten lässt, in den Zellmembranen des zentralen Nervensystems. Ganglioside enthalten Oligosaccharide aus drei bis sechs Zuckern und N-Acetyl-Neuraminsäure, kurz NANA. Sie dienen unter anderem zur Zellerkennung und zum Aufbau der Membranen von Nervenzellen.

- Die dritte Substanzklasse setzt sich aus Isopren-Einheiten zusammen. Man unterscheidet kettenförmige Verbindungen, sogenannte **Terpene,** wie die lipophilen Vitamine A, E und K, von den **Steranen**. Diese bestehen aus sechs Isopren-Einheiten, die ein polyzyklisches Ringsystem bilden. Das bekannteste Steroid ist das Cholesterin.

Glycerolipide

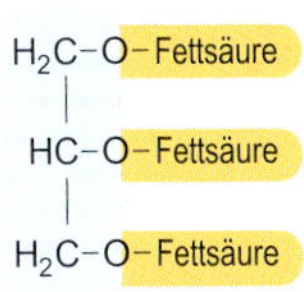

Triacylglycerin

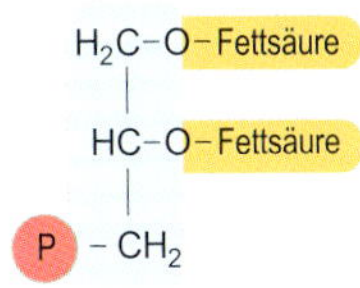

Glycerophosphatid

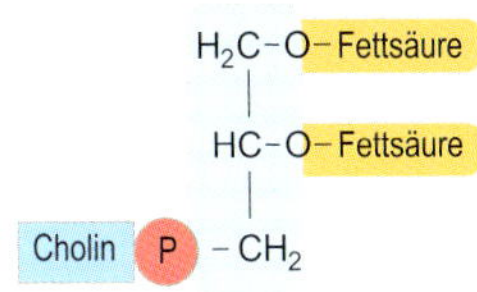

Phosphatidyl-Cholin
(Lecithin)

Sphingolipide

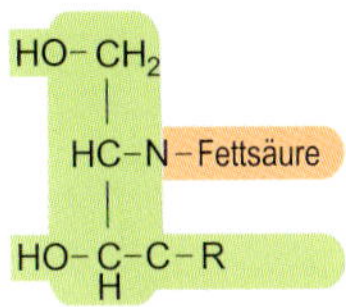

Ceramid

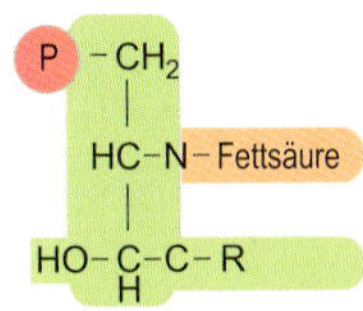

Sphingophosphatid

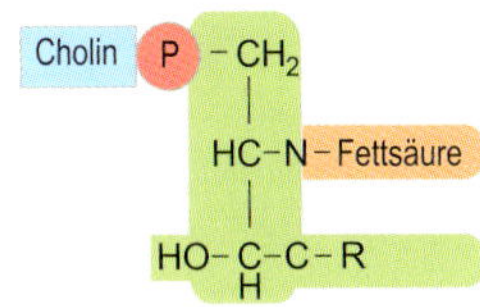

Sphingomyelin

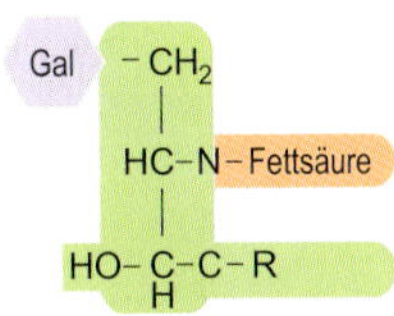

Glykolipid:
Cerebrosid

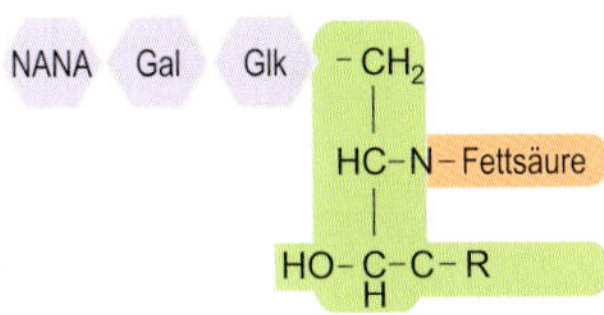

Glykolipid:
Gangliosid

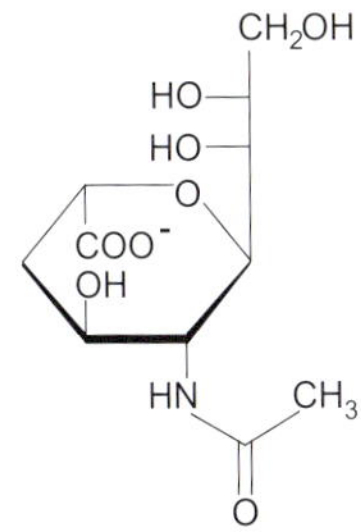

N-Acetylneuramin-
säure (NANA)

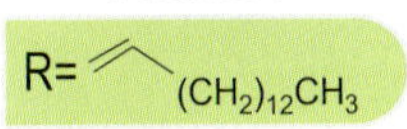

Isoprenoide

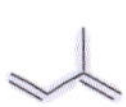

Isopren

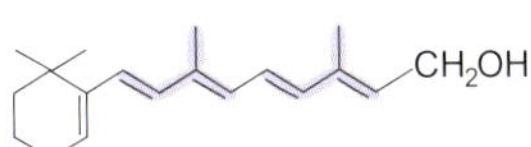

Terpen
alltrans-Retinol
Vitamin A

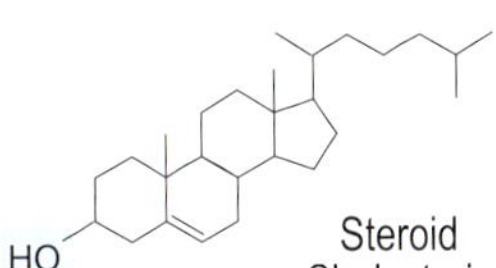

Steroid
Cholesterin

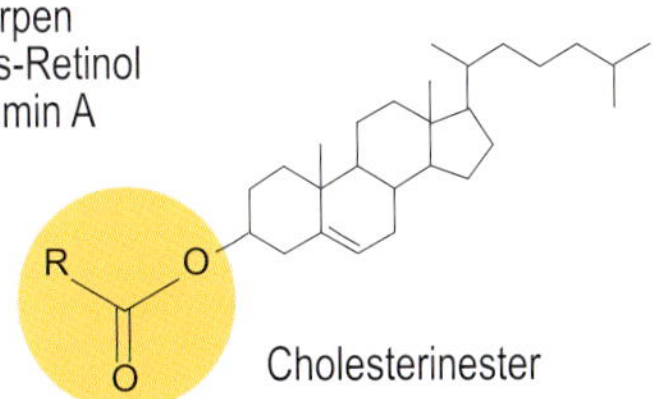

Cholesterinester

- Die Derivate des **Purins** und des **Pyrimidins** sind die Grundlage für die genetische Informationsspeicherung. Neben dieser Schlüsselrolle dienen sie auch als Energiespeicher, Cofaktoren und Signalüberträger. Adenin, Guanin, Thymin und Cytosin bilden die so genannten **Kernbasen**, die in den **Nukleosiden** N-glykosidisch an ein Zuckermolekül gebunden sind. Aus ihnen entstehen durch Anhängen eines oder mehrerer Phosphate die **Nukleotide**. Die Nukleinsäuren **DNA** und **RNA** setzen sich aus Nukleotidmonophosphaten zusammen. Als Zuckerkomponente kommt in DNA ausschließlich **Desoxyribose** und in RNA ausschließlich **Ribose** vor.

- In den Phosphatgruppen der Nukleotide wird die Stoffwechselenergie gespeichert und kann so kontrolliert weitergegeben werden. Prominenter Vertreter ist das Adenosin-5′-triphosphat, kurz **ATP**. Seine Phosphatgruppen sind am fünften Kohlenstoff der Ribose angehängt und über energiereiche Säureanhydridbindungen verknüpft. Die Hydrolyse des ersten Phosphats liefert -30,5 kJ/mol (ΔG^0), die Reaktion verläuft freiwillig.

- **Nukleoside** nehmen auch Funktionen als extrazelluläre Botenstoffe war. So wirkt zum Beispiel Adenosin auf viele Gewebe durchblutungsfördernd und relaxierend auf die Gefäßmuskulatur. **Nukleotide** sind außer im Energiestoffwechsel auch als „second messenger" wichtig. Allen voran das zyklische Adenosinmonophosphat (cAMP), das sich aus ATP durch intramolekulare Veresterung bildet.

i Die Energie aus der ATP-Hydrolyse fließt größtenteils in die Aufrechterhaltung der Ionengradienten an der Zellmembran. Hier schleusen, unter ATP-Verbrauch, spezielle Proteine Ionen durch die Membran hindurch.

Purine

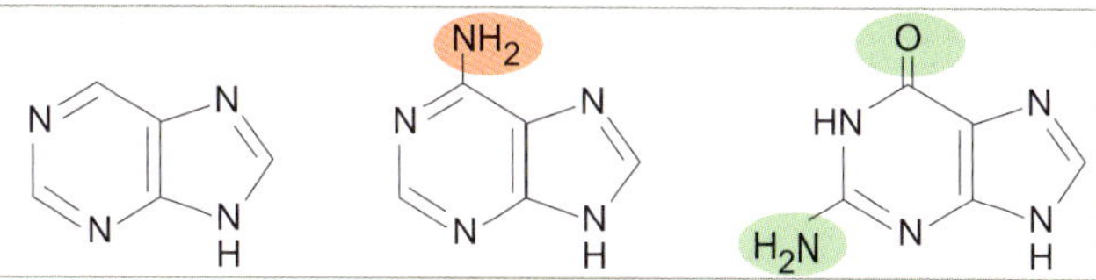

Base	Purin	Adenin	Guanin
Nukleosid		Adenosin	Guanosin

Pyrimidine

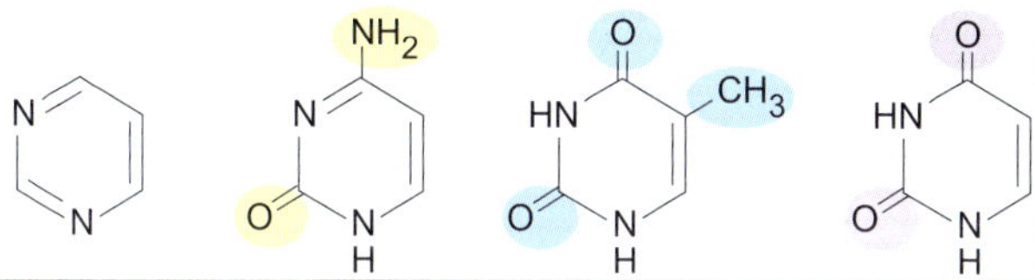

Base	Pyrimidin	Cytosin	Thymin	Uracil
Nukleosid		Cytidin	Thymidin	Uridin

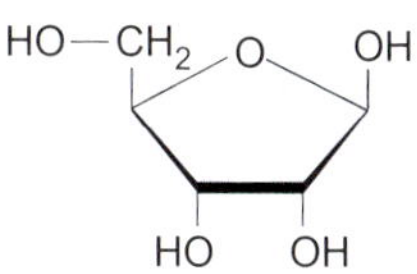

D-Ribose

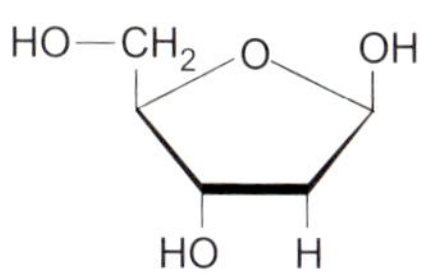

2-Desoxy-D-Ribose

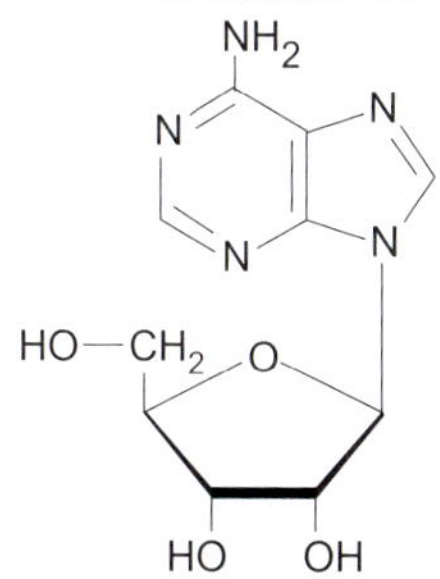

Nukleosid: Adenosin

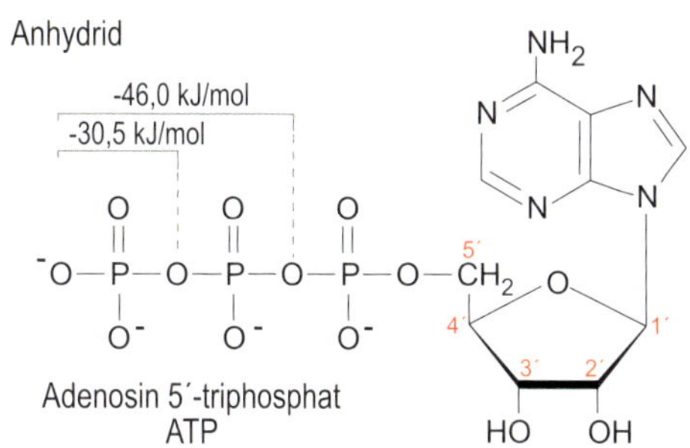

Adenosin 5´-triphosphat
ATP

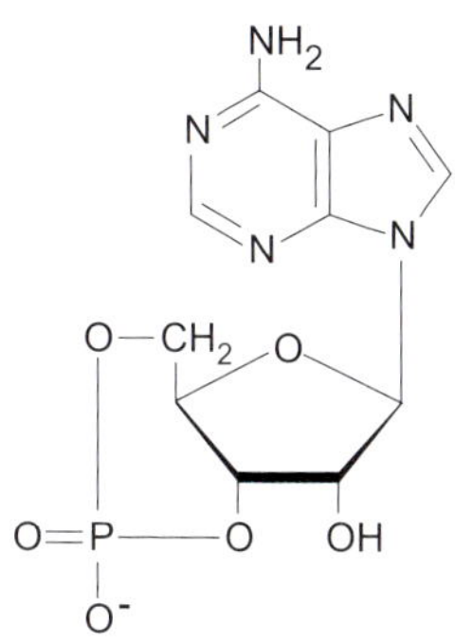

second messenger cAMP
cyclo 3´,5´-Adenosinmonophoshat

- Nukleotide sind auch Bausteine für verschiedene **Coenzyme**. Beispielsweise bildet Adeninnukleotid gemeinsam mit Riboflavin (Vitamin B_2) FAD und gemeinsam mit Nicotinsäure NAD^+ bzw. $NADP^+$. Neben ATP sind noch GTP und UTP für unseren Organismus von Bedeutung. GTP ist an intrazellulären Transportvorgängen und als Cofaktor in der Signaltransduktion beteiligt. UTP dient vor allem der Herstellung aktivierter **UDP-Zucker** (UDP = Uridindiphosphat).

- Die **Doppelhelix**-Struktur der DNA entsteht durch Paarung der Basen Adenin mit Thymin und Guanin mit Cytosin. Entsprechende Wasserstoffbrückenbindungen begünstigen diese Kombinationen. Entlang der beiden Phosphodiesterstränge stapeln sich die Basenpaare zur Helix. Dies bewirkt eine zusätzliche Stabilisierung entlang der Helixachse durch hydrophobe Wechselwirkungen unter den gestapelten Basenpaaren. Die beiden Einzelstränge verlaufen **antiparallel**. Das heißt, bezogen auf die Positionen der OH-Gruppen in der Ribose, wächst ein Strang von 3′ nach 5′ und der andere von 5′ nach 3′.

- In Eukaryotenzellen befindet sich der größte Teil der DNA im Zellkern. Dort wird sie als Chromatin in kondensierter Form mit Proteinen verpackt gelagert. Außerhalb des Zellkerns gibt es nur noch in den Mitochondrien etwas DNA.

- RNA kommt sowohl im Zellkern, als auch im Zytoplasma vor. In ihr ist die Kernbase Thymin generell durch Uracil ersetzt. In Form der **messenger-RNA** (mRNA) hilft die RNA bei der Umsetzung der genetischen Information in physiologische Signale. Auch die Ribonukleotide der RNA können sich mit ihren komplementären Basen zusammenlagern. Im Gegensatz zur DNA ist die Struktur eines RNA-Moleküls aber nicht so klar geordnet. Gepaarte Bereiche werden immer wieder durch ungepaarte Ribonukleotide unterbrochen. Dennoch bilden sich stabile Raumstrukturen aus, wie beispielsweise **transfer-RNAs** (tRNA) und **ribosomale RNAs** (rRNA).

Nukleotide in Cofaktoren

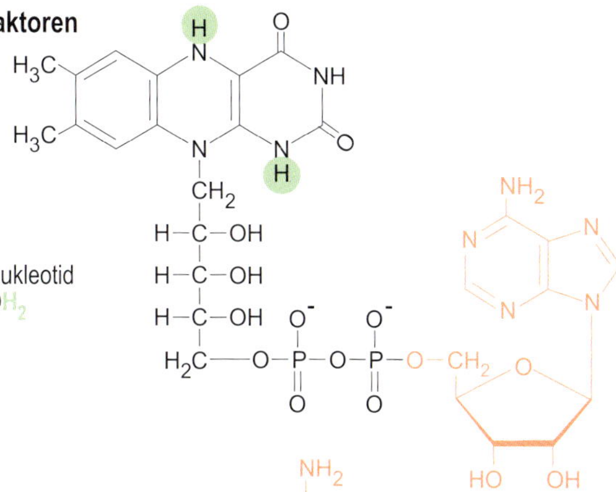

Flavin-Adenindinukleotid
FAD / FADH$_2$

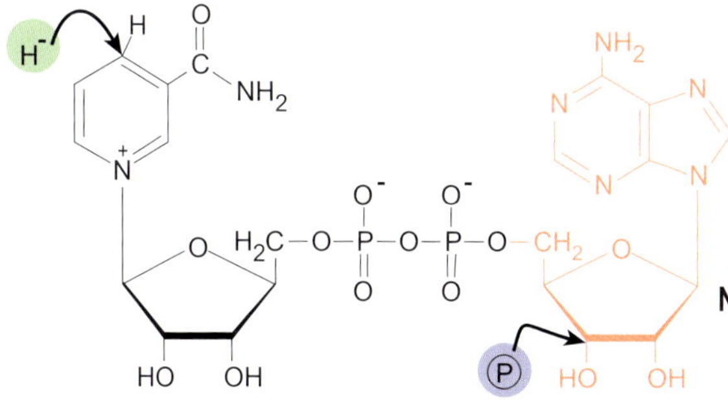

Nikotinamid-Adenindinukleotid
NAD(P)$^+$/ NAD(P)H

Dogma der Molekularbiologie

Zellteilung — Proteinbiosynthese

DNA* ⟷ DNA ⟷ RNA ⟷ Protein

Replikation — Transkription — Translation

Basenpaarung

A ═ T
G ≡ C

A ═ U
G ≡ C

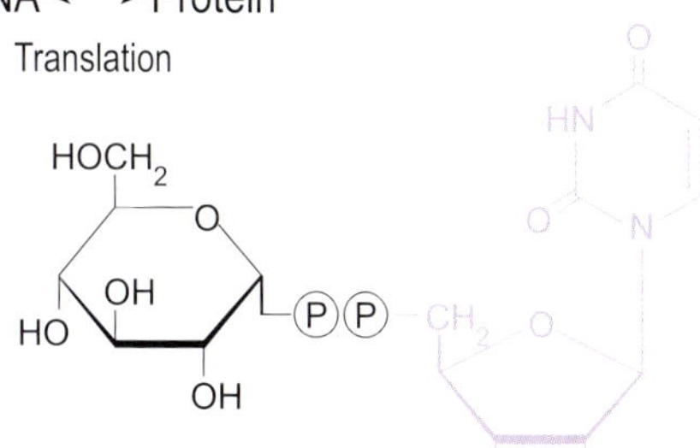

UDP-Glukose

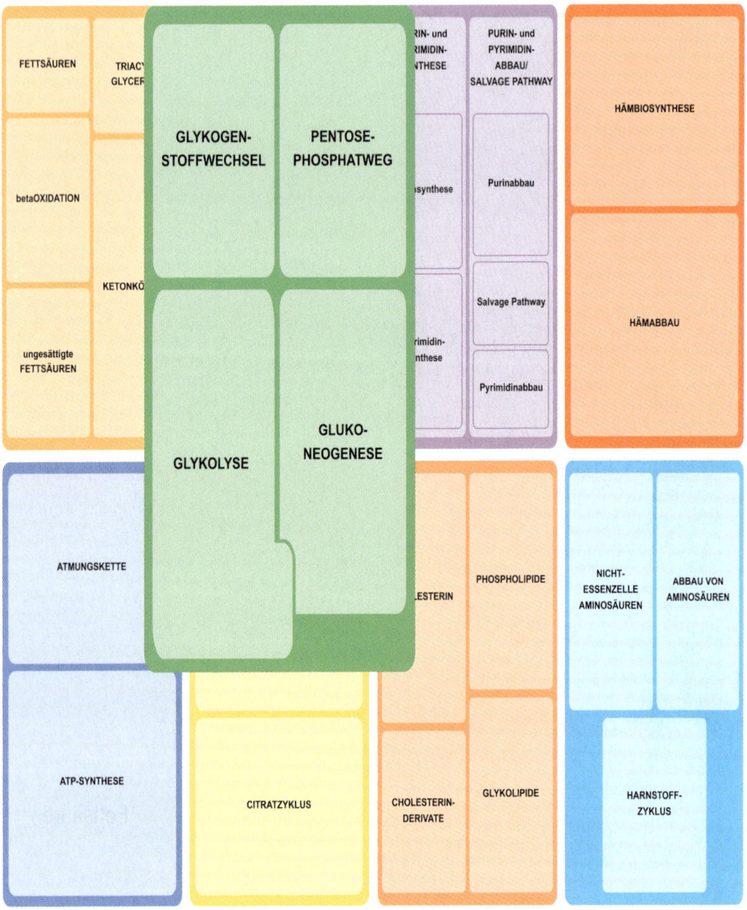
FETTSÄUREN
TRIAC
GLYCER
betaOXIDATION
KETONKÖ
ungesättigte FETTSÄUREN
GLYKOGEN-STOFFWECHSEL
PENTOSE-PHOSPHATWEG
GLYKOLYSE
GLUKO-NEOGENESE
RIN- und
RIMIDIN-
NTHESE
synthese
rimidin-
nthese
PURIN- und PYRIMIDIN-ABBAU/ SALVAGE PATHWAY
Purinabbau
Salvage Pathway
Pyrimidinabbau
HÄMBIOSYNTHESE
HÄMABBAU
ATMUNGSKETTE
ATP-SYNTHESE
CITRATZYKLUS
LESTERIN
CHOLESTERIN-DERIVATE
PHOSPHOLIPIDE
GLYKOLIPIDE
NICHT-ESSENZELLE AMINOSÄUREN
ABBAU VON AMINOSÄUREN
HARNSTOFF-ZYKLUS

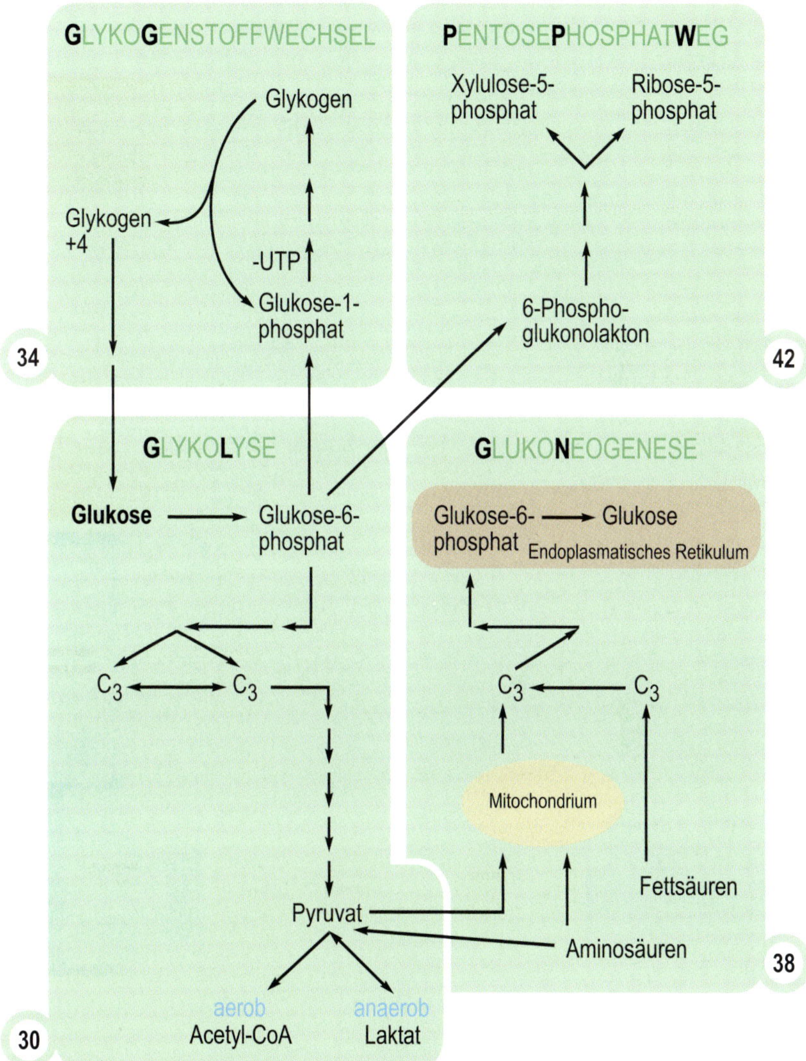
GLYKOGENSTOFFWECHSEL
Glykogen
Glykogen +4
-UTP
Glukose-1-phosphat
34
PENTOSEPHOSPHATWEG
Xylulose-5-phosphat
Ribose-5-phosphat
6-Phospho-glukonolakton
42
GLYKOLYSE
Glukose
Glukose-6-phosphat
C3
C3
Pyruvat
aerob
Acetyl-CoA
anaerob
Laktat
30
GLUKONEOGENESE
Glukose-6-phosphat
Glukose
Endoplasmatisches Retikulum
C3
C3
Mitochondrium
Fettsäuren
Aminosäuren
38

Den größten Anteil an Polysacchariden in unserer Nahrung haben die pflanzliche **Stärke** und das tierische **Glykogen**. Beide sind hochpolymere Kohlenhydrate, die sich zu Glukose abbauen lassen. Wegen der zentralen Bedeutung der Glukose für den tierischen Organismus steht ihr Stoffwechsel im Vordergrund dieses Kapitels. Der Abbau von Glukose zu Pyruvat, die **Glykolyse**, spielt in der Biochemie der Zelle eine bedeutende Rolle. Sie kann im Zytoplasma jeder Körperzelle ablaufen. Auf dem weiteren Weg zur Energieerzeugung schließen sich der Citratzyklus und die Atmungskette an. Überschüssige Glukose tritt in den Glykogenstoffwechsel ein und wird als Glykogen gespeichert. Fehlt Glukose in der Zelle, kann sie über die Glukoneogenese aus Pyruvat synthetisiert werden.

- Über die Nahrung aufgenommene Polysaccharide werden schrittweise in **Monosaccharide** zerlegt ❶. In dieser Form können sie über die Darmschleimhaut aufgenommen werden und in die Blutbahn gelangen. Der Durchschnittsgehalt an Glukose liegt bei 80–120 mg/dl Blut. Mit speziellen Transportern kommen Monosaccharide ins Zytoplasma ihrer Zielzellen.

- Betrachtet man den vollständigen Abbau eines Glukosemoleküls einschließlich der Folgereaktionen Citratzyklus und Atmungskette (aerob) ergibt sich folgende **Energiebilanz**:

Tab. 1 Energiebilanz des Glukoseabbaus

Reaktion	Primärprodukt	aerob	anaerob
Glykolyse	2 ATP ❷ 2 $NADH/H^+$ ❸	2 ATP 5 ATP	2 ATP
Pyruvatdehydrogenase	2 $NADH/H^+$	5 ATP	
Citratzyklus	6 $NADH/H^+$ 2 $FADH_2$ 2 GTP	15 ATP 3 ATP 2 ATP	
Summe		32 ATP	2 ATP

Annahme: In der Atmungskette entstehen pro Mol $NADH/H^+$ 2,5 mol ATP und pro Mol $FADH_2$ 1,5 mol ATP.
Primärprodukt: Unmittelbares Produkt der jeweiligen Reaktion. Reduktionsäquivalente werden erst in der Atmungskette zu ATP umgesetzt.

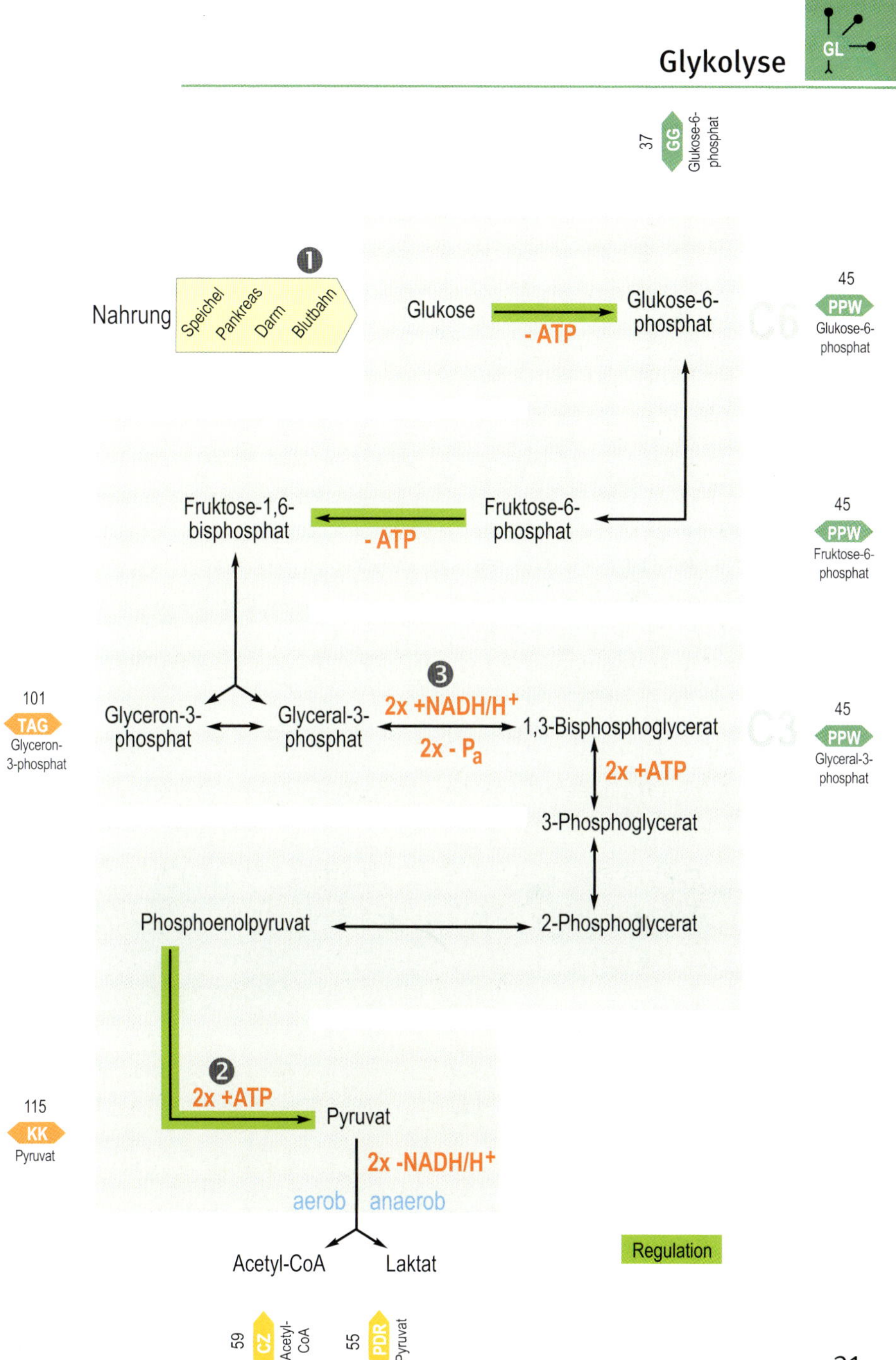
GL
37
GG
Glukose-6-phosphat
1
Nahrung
Speichel
Pankreas
Darm
Blutbahn
Glukose
- ATP
Glukose-6-phosphat
45
PPW
Glukose-6-phosphat
Fruktose-1,6-bisphosphat
- ATP
Fruktose-6-phosphat
45
PPW
Fruktose-6-phosphat
101
TAG
Glyceron-3-phosphat
Glyceron-3-phosphat
Glyceral-3-phosphat
3
2x +NADH/H+
2x - Pa
1,3-Bisphosphoglycerat
45
PPW
Glyceral-3-phosphat
2x +ATP
3-Phosphoglycerat
Phosphoenolpyruvat
2-Phosphoglycerat
2
2x +ATP
115
KK
Pyruvat
Pyruvat
2x -NADH/H+
aerob
anaerob
Acetyl-CoA
Laktat
Regulation
59
CZ
Acetyl-CoA
55
PDR
Pyruvat

- Die Glykolyse beginnt mit der Phosphorylierung des Glukosemoleküls ❶. Der C6-Körper wird über **Fruktosephosphat** in zwei C3-Körper (Triosephosphat) zerlegt ❷. Diese reagieren bis zum **Pyruvat.** Im letzten Reaktionsschritt zum Pyruvat wird überschüssige Energie zur Substratketten-Phosphorylierung genutzt ❸. Dabei entsteht aus anorganischem Phosphat (nicht in ATP-gebundenem Phosphat, P_a) und ADP ein Molekül ATP.

- Je nach Sauerstoffversorgung der Zelle können zwei Wege eingeschlagen werden. Im **anaeroben** Abbau wird das Pyruvat zu Laktat umgesetzt, welches später ins Blut abgegeben wird ❹. Nur in der Leber und der Herzmuskulatur gibt es eine ausreichende Laktat-Dehydrogenase-Aktivität für die Laktatentsorgung. Wird der **aerobe** Weg eingeschlagen, führt der nächste Schritt über die Pyruvat-Dehydrogenase-Reaktion zum Acetyl-CoA ❺. Der Multienzymkomplex der Pyruvat-Dehydrogenase befindet sich im Mitochondrium in unmittelbarer Nachbarschaft zu den Enzymen des Citratzyklus. Beim Abbau von Acetyl-CoA im Citratzyklus entstehen Reduktionsäquivalente, die in der Atmungskette zur Energiegewinnung genutzt werden.

Tab. 2 Regulation der Glykolyse

Enzym	Induktor	gehemmt durch	aktiviert durch
Hexokinase	Insulin	Glukose-6-phosphat	Kohlenhydratüberschuss
Glukokinase (Leber)		Fruktose-6-phosphat	Glukose
Phosphofruktokinase	Insulin	ATP, Citrat, H^+	Kohlenhydratüberschuss, AMP, ADP, Fruktose-2,6-bisphosphat (Leber)
Pyruvat-Kinase	Insulin	ATP, Citrat, Alanin, cAMP (Glukagon)	Kohlenhydratüberschuss, Fruktose-1,6-bisphosphat

i Eine optimale Ernährung besteht neben Proteinen und Fetten aus etwa 60 % Kohlenhydraten (Polysaccharide). Das unterstreicht die große Bedeutung dieser Substanzklasse für den tierischen Organismus. Aus Kohlenhydraten werden Energie und Synthesebausteine gewonnen. Sie sind nicht essenziell und können ineinander umgewandelt oder aus anderen Verbindungen neu hergestellt werden. Damit können vorübergehende Mangelzustände problemlos ausgeglichen werden.

37 GG Glukose-6-phosphat

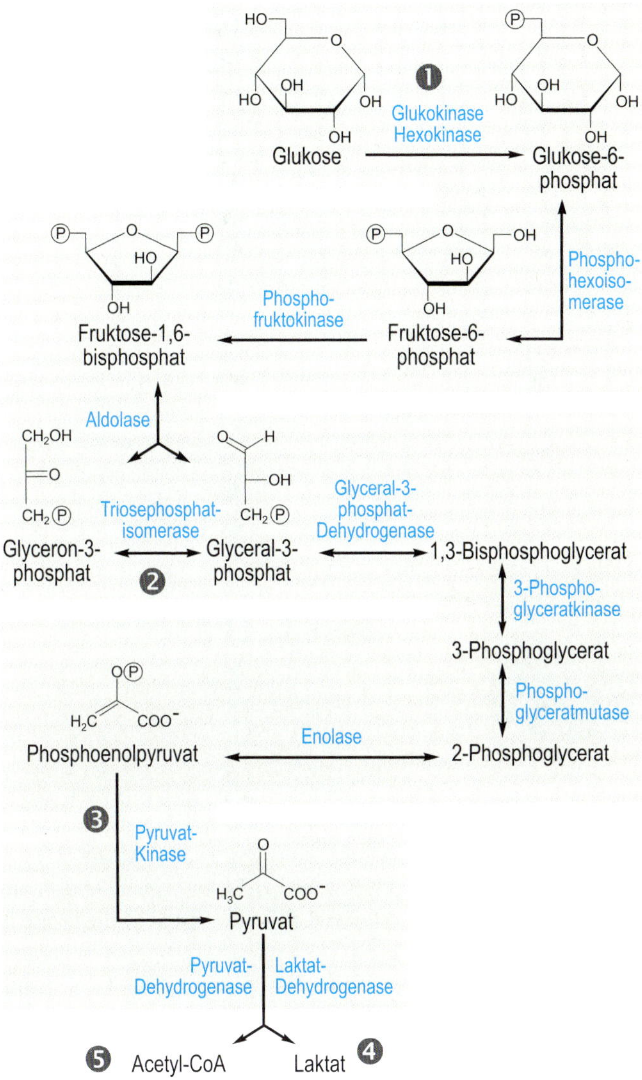

45 PPW Glukose-6-phosphat

45 PPW Fruktose-6-phosphat

101 TAG Glyceron-3-phosphat

45 PPW Glyceral-3-phosphat

115 KK Pyruvat

59 CZ Acetyl-CoA

55 PDR Pyruvat

Bei einem Überangebot an Glukose wird aus Glukose-6-phosphat das Speichersaccharid **Glykogen** aufgebaut (Ausnahme: Erythrozyten). Die größten Speicherkapazitäten besitzen Leber und Muskelzellen. Die Leber kann bis zu 10 % ihrer Masse in Glykogen speichern. Die Kapazität der einzelnen Muskelzelle ist zwar weit geringer, jedoch bildet die gesamte Muskelmasse ein Depot von etwa 250 g Glukose als Glykogen (1 % der Muskelmasse).
Der Glykogenspeicher einer Körperzelle dient normalerweise dazu, den eigenen Energiebedarf zu decken. Der Vorrat reicht für eine 12 bis 18-stündige Hungerphase. Danach müssen neue Quellen erschlossen werden. In der Leber wird das Glykogendepot in erster Linie zur Aufrechterhaltung des Blutglukosespiegels benutzt. Dazu muss die Phosphorylierung der Glukose wieder rückgängig gemacht werden.

- Die Glykogensynthese beginnt an einem Ankerprotein, dem **Glykogenin** (→ S. 37). Es ist in der Lage, autokatalytisch aus aktivierter Glukose eine Startsequenz von acht Glukosemolekülen zu erzeugen. An diesem Startmolekül (Glykogenin-8xGlukose) beginnt dann die eigentliche Glykogensynthese.

- Die Energie für diese Synthese stammt aus der Aktivierung von Glukose mit Uridindiphosphat ❶. Aus dieser **UDP-Glukose** baut die Glykogensynthase lineare, 1,4-verknüpfte Glukoseketten auf ❶.

- In einem zweiten Schritt werden die 1,6-Verzweigungen im Glykogen eingeführt. Das Verzweigungsenzym oder **„branching enzyme"** nutzt dafür bestehende, lineare Glukoseketten. Dabei werden 1,4-Verknüpfungen zu 1,6-Verknüpfungen umgelagert ❸. Es entsteht das hochverzweigte **Glykogen**. Durch die hohe Anzahl der Verzweigungen kann das Glykogen bei Bedarf von mehreren Enzymen gleichzeitig abgebaut werden. In kurzer Zeit kann dadurch viel Glukose zur Verfügung gestellt werden.

i Das fertige Glykogen-Makromolekül hat eine Masse von 10^6 bis 2×10^7 Da, was durchschnittlich 65.000 Molekülen Glukose entspricht.

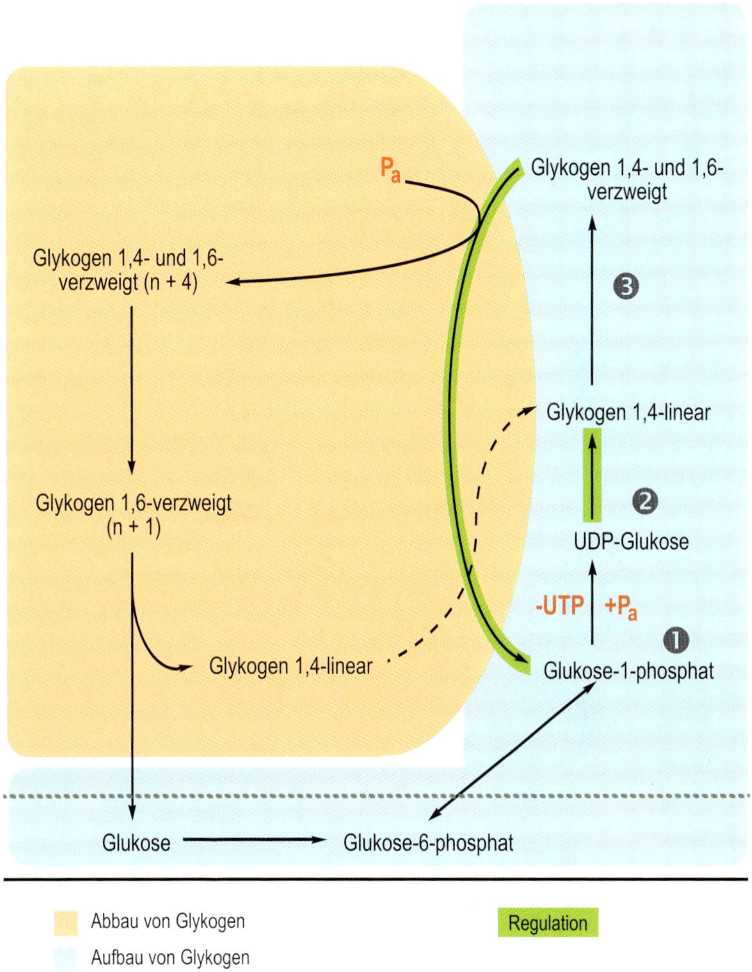

43 PPW Glukose-6-phosphat

31 GL Glukose

31 GL Glukose-6-phosphat

- Der Abbau von Glykogen teilt sich in die Spaltung linearer Ketten und Verzweigungsstellen auf. Zunächst werden lineare Glukoseketten zu **Glukose-1-phosphat** abgebaut bis die **Glykogen-Phosphorylase** vier Glukose-Moleküle vor einer 1,6-Verzweigung stoppt ❶.

- An dieser Stelle muss das **„debranching enzyme"** aktiv werden ❷. Es erfüllt zwei Funktionen: Zum einen verschiebt es drei der vier Glukosemoleküle zu einer benachbarten Kette und zum anderen entfernt es die sich verzweigende Glukose. An dieser Stelle wird im Gegensatz zu den übrigen Abbaureaktionen unphosphorylierte Glukose abgespalten. Damit ist der Weg für die Glykogen-Phosphorylase wieder frei.

- Das **Glukose-1-phosphat** wird nach der Umwandlung in **Glukose-6-phoshat** der Glykolyse zugeführt ❸. Damit ist die phosphorylierte Glukose für die Muskelzellen sofort verwertbar.

- Die Regulation der Glykogensynthese findet in der **Leber** (L) und in den **Muskelzellen** (M) an zwei Stellen statt, am Aufbau der linearen 1,4-Ketten durch die **Glykogen-Synthase** und während des Abbaus dieser Ketten durch die **Glykogen-Phosphorylase**.

Tab. 3 Regulation des Glykogenstoffwechsels

Enzym	Induktor	gehemmt durch	aktiviert durch
Aufbau: Glykogen-Synthase	Adrenalin (M), Glukagon (L), Insulin (M/L)	cAMP ↑	cAMP ↓
Abbau: Glykogen-Phosphorylase	Adrenalin (M), Glukagon (L)	cAMP ↓	cAMP ↑

i Die Leber benötigt für den Ausgleich des Blutglukosespiegels reine Glukose. Um diesen Weg einzuschlagen, muss das Glukose-6-phosphat im Endoplasmatischen Retikulum der Leberzelle vom Phosphat befreit werden. Den meisten anderen Zellen fehlt die Glukose-6-Phosphatase, da ihr Hauptziel in der Energiegewinnung liegt.

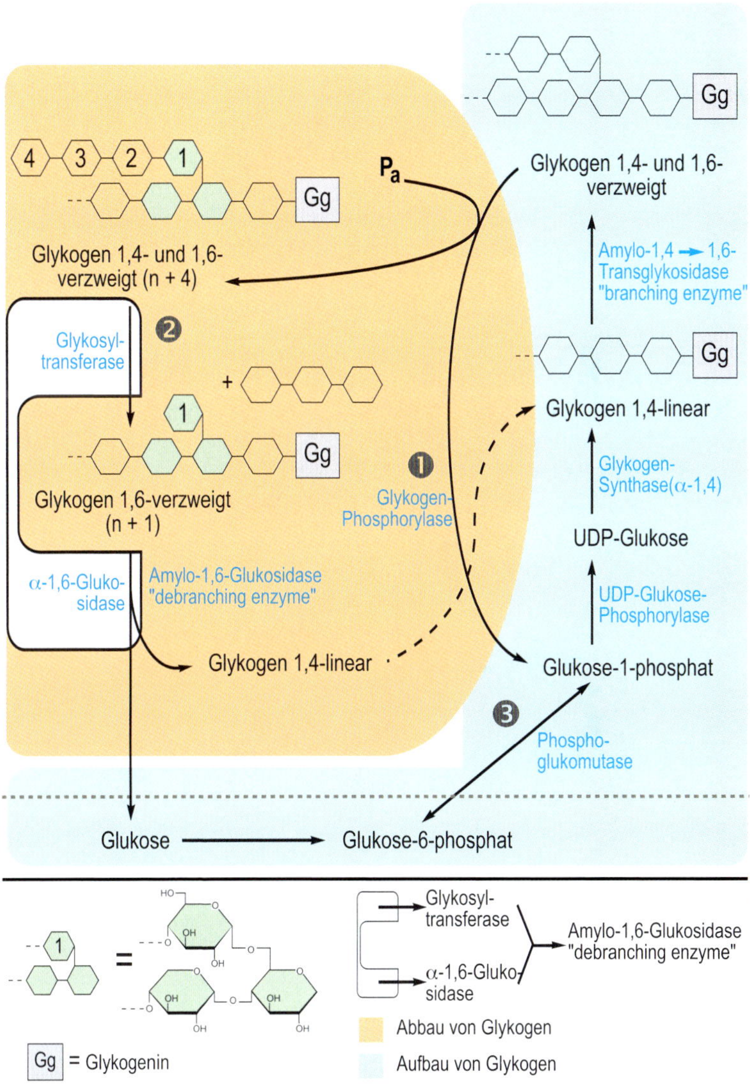

43 PPW Glukose-6-phosphat

31 GL Glukose

31 GL Glukose-6-phosphat

Bei einem Mangel an Glukose ist unser Organismus in der Lage, diese Verbindung selbst herzustellen. Der Vorgang wird als **Glukoneogenese** bezeichnet. Als Ausgangssubstanzen dienen im Wesentlichen Alanin und Laktat. In Hungerphasen kommt Glycerin aus dem Fettabbau hinzu. Normalerweise wird der Glukosebedarf durch die Nahrung oder die Glykogenvorräte in der Leber gedeckt. Da das Gehirn und die Erythrozyten unbedingt auf eine ausreichende Glukosezufuhr angewiesen sind, muss schon nach acht Stunden Nachtruhe die Glukoneogenese einspringen.
Die notwendige Energie für die Glukoneogenese bezieht die Leber aus der β-Oxidation von Fettsäuren. Um ein Glukosemolekül herzustellen, werden 6 Mol ATP benötigt. Falls Oxalacetat oder Glycerin als Vorstufen verwendet werden, verringert sich der Bedarf auf 4 bzw. 2 Mol ATP. Im besten Fall ist damit die Energiebilanz bis zum Pyruvat ausgeglichen.

- Der Ausgangspunkt der Glukoneogenese ist in der Regel das **Pyruvat** ➊. Aminosäuren mit drei Kohlenstoffatomen, wie **Alanin**, werden in der Leber durch Transaminasen zu Pyruvat umgebaut ➋. Ebenso wird das im Blut vorkommende **Laktat** über Pyruvat abgebaut ➌. Es stammt aus dem anaeroben Muskelstoffwechsel bzw. den Erythrozyten, die selbst keine Glukoneogenese betreiben. Dieser Weg wird nach seinem Entdecker auch Cori-Zyklus genannt. Der Kreisprozess beginnt mit der Glukose aus der Leber, die in den Muskeln anaerob zu Laktat abgebaut wird (→ Glykolyse). Über das Blut kommt das Laktat zurück zur Leber und wird in der Glukoneogenese wieder zu Glukose aufgebaut.

- Weitere Einstiegspunkte sind **Oxalacetat** aus dem Abbau von Aminosäuren mit vier Kohlenstoffatomen ➍ und **Glyceron-3-phosphat** aus Glycerin, das aus dem Abbau von Triacylglycerinen im Fettgewebe ➎ stammt.

Tab. 4 Regulation der Glukoneogenese

Enzym	gehemmt durch	aktiviert durch
Pyruvat-Carboxylase	Insulin	Acetyl-CoA
Phosphoenolpyruvat-Carboxykinase	Insulin	Glukagon
Fructose-1,6-Bisphosphatase	Fruktose-2,6-bisphosphat, Insulin	Glukagon, Adrenalin, cAMP

43 PPW Glukose-6-phosphat
35 GG Glukose-6-phosphat

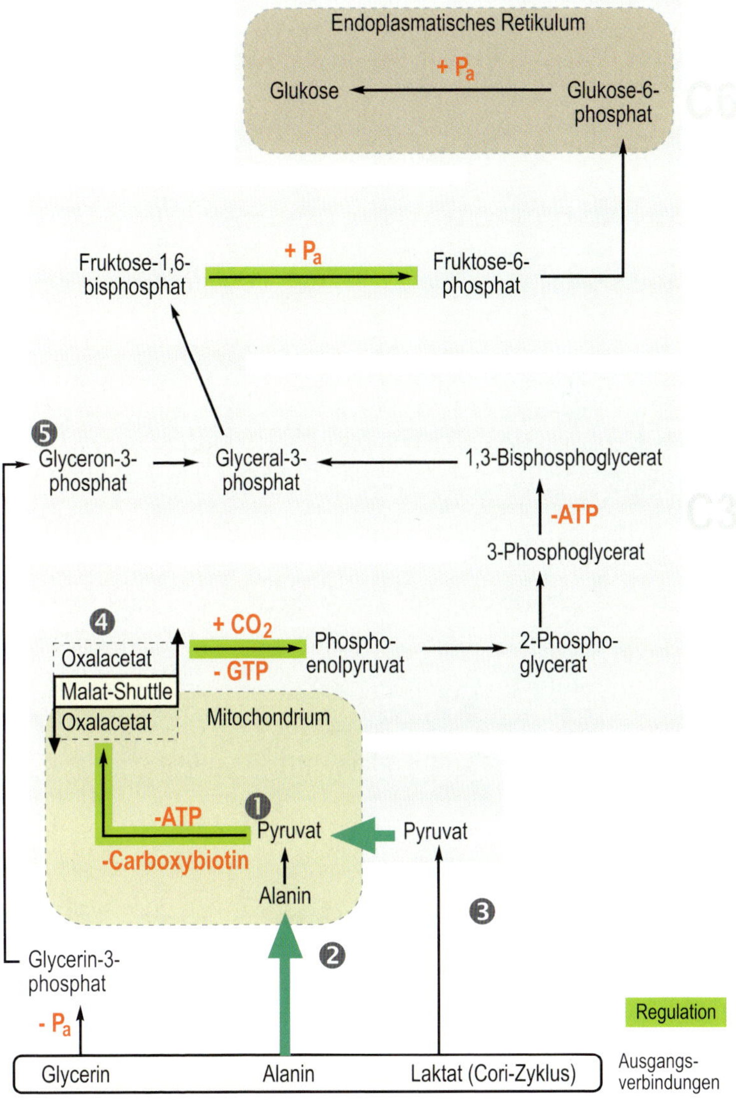

101 TAG Glyceron-3-phosphat
87 AAS Oxal-acetat
83 NAS Alanin
101 TAG Glycerin
59 CZ Oxal-acetat

- Biochemisch wird die Glukoneogenese als „umgekehrte Glykolyse" betrachtet. Da aber beide Synthesewege freiwillig ablaufen, kann die Glukoneogenese nicht die exakte Umkehrung der Glykolyse sein. Die irreversiblen Reaktionen der Enzyme Hexokinase, Phosphofruktokinase und Pyruvat-Kinase müssen in der Glukoneogenese ersetzt werden. Für die ersten beiden sind dies die Enzyme **Glukose-6-Phosphatase** ❶ und **Fruktose-1,6-Bisphosphatase** ❷.

- Die Rückreaktion von Pyruvat zum energiereichen Phosphoenolpyruvat muss in der Glukoneogenese auf zwei Teilschritte verteilt werden. Zunächst wird aus Pyruvat Oxalacetat hergestellt, danach folgt die Umsetzung durch die Carboxykinase zum Phosphoenolpyruvat. Das Pyruvat im Zytoplasma wird über einen Transporter ins Mitochondrium gebracht. Die **Pyruvat-Carboxylase** hängt ein CO_2 zum Oxalacetat an ❸. Um durch die innere Mitochondrienmembran ins Zytoplasma zu gelangen, bedient sich das Oxalacetat des Malat-Shuttles. Danach findet der Umbau zum Phosphoenolpyruvat (PEP) statt ❹. Die **PEP-Carboxykinase** verwendet dazu ausnahmsweise ein GTP anstelle von ATP.

- Die nächsten Reaktionen entsprechen der umgekehrten Glykolyse. Erst das Enzym zur Herstellung von **Fruktose-6-phosphat** muss wieder ersetzt werden. Dabei wird ein Molekül anorganisches Phosphat freigesetzt.

- Nach der Umwandlung in Glukose-6-phosphat muss im letzten Schritt noch ein Phosphat entfernt werden. Diese Reaktion findet im Endoplasmatischen Retikulum statt.

i Nicht alle Zellen können die Glukoneogenese ausführen. Nur die Zellen der Leber, der Nieren und des Dünndarmepithels haben die erforderlichen Enzyme, um die Glukoneogenese zu betreiben. Der Syntheseweg führt dabei über drei Kompartimente: die Mitochondrien, das Zytoplasma und das Endoplasmatische Retikulum.

43 PPW Glukose-6-phosphat
35 GG Glukose-6-phosphat

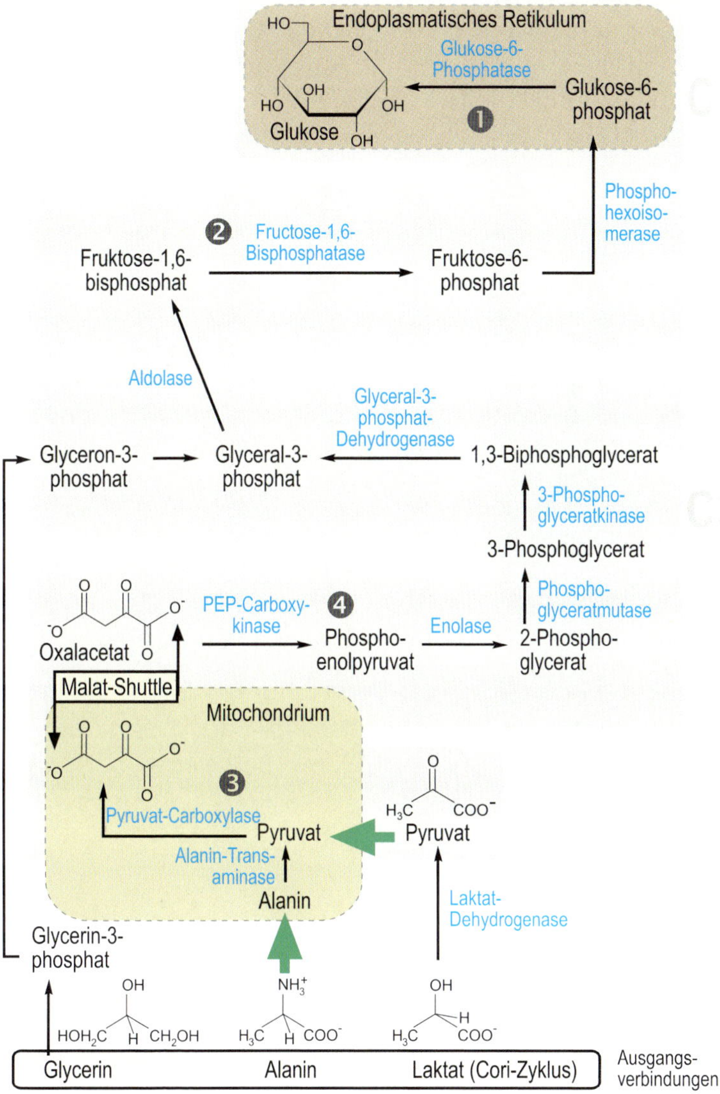

101 TAG Glyceron-3-phosphat
87 AAS Oxal-acetat
83 NAS Alanin
101 TAG Glycerin
59 CZ Oxal-acetat

Der **Pentosephosphatweg** kommt in jeder Zelle vor und findet wie die Glykolyse im Zytoplasma statt. Besonders aktiv wird er allerdings in Geweben durchgeführt, die Fettsäuren und Steroide synthetisieren, z. B. Leber, Fettgewebe, Schilddrüse. Er zweigt am Glukose-6-phosphat der Glykolyse ab und liefert als Hauptprodukte Ribose-5-phosphat für den Aufbau der Nukleotide und zwei Moleküle $NADPH/H^+$ als Reduktionsäquivalente für reduktive Biosynthesen. Dies ist ein wesentlicher Unterschied zur Glykolyse, bei der NAD^+ als Wasserstoffempfänger dient.

- Der Pentosephosphatweg lässt sich in einen **oxidativen** und einen **nicht-oxidativen** Abschnitt einteilen. Den ersten Abschnitt bilden drei Reaktionen zur $NADPH/H^+$-Herstellung. Glukose-6-phosphat wird zuerst an der glykosidischen Hydroxylgruppe oxidiert ❶, das entstandene 6-Phosphoglukonolakton (intramolekularer Carbonsäureester) wird darauf zur 6-Phosphoglukonsäure (6-Phosphoglukonat) hydrolysiert ❷. Die zweite Oxidation erzeugt unter Abspaltung eines Moleküls CO_2 Ribulose-5-phosphat ❸.

- Die Regulation des Pentosephosphatweges beschränkt sich auf den oxidativen, ersten Abschnitt. Zur Steuerung wird die Konzentration an $NADP^+$ im Zytoplasma herangezogen. Im reversiblen Teil wird die Syntheseleistung je nach Bedarf durch die chemischen Gleichgewichte in die entsprechende Richtung gelenkt.

Tab. 5 Regulation Pentosephosphatweg

Enzym	gehemmt durch	aktiviert durch
Glukose-6-phosphat-Dehydrogenase	$NADPH/H^+$	$NADP^+$
Phosphoglukonat-Dehydrogenase	Acetyl-CoA	

i Für Erythrozyten ist der Pentosephosphatweg von besonderer Bedeutung. Das gebildete $NADPH/H^+$ wird von ihnen zur Regeneration des Peroxidfängers Glutathion benutzt. Dessen Aufgabe ist der Schutz von Thiolgruppen vor der Oxidation zum Disulfid. Auf diese Weise werden die Membranen der Erythrozyten vor einem vorzeitigen Zerfall bewahrt.

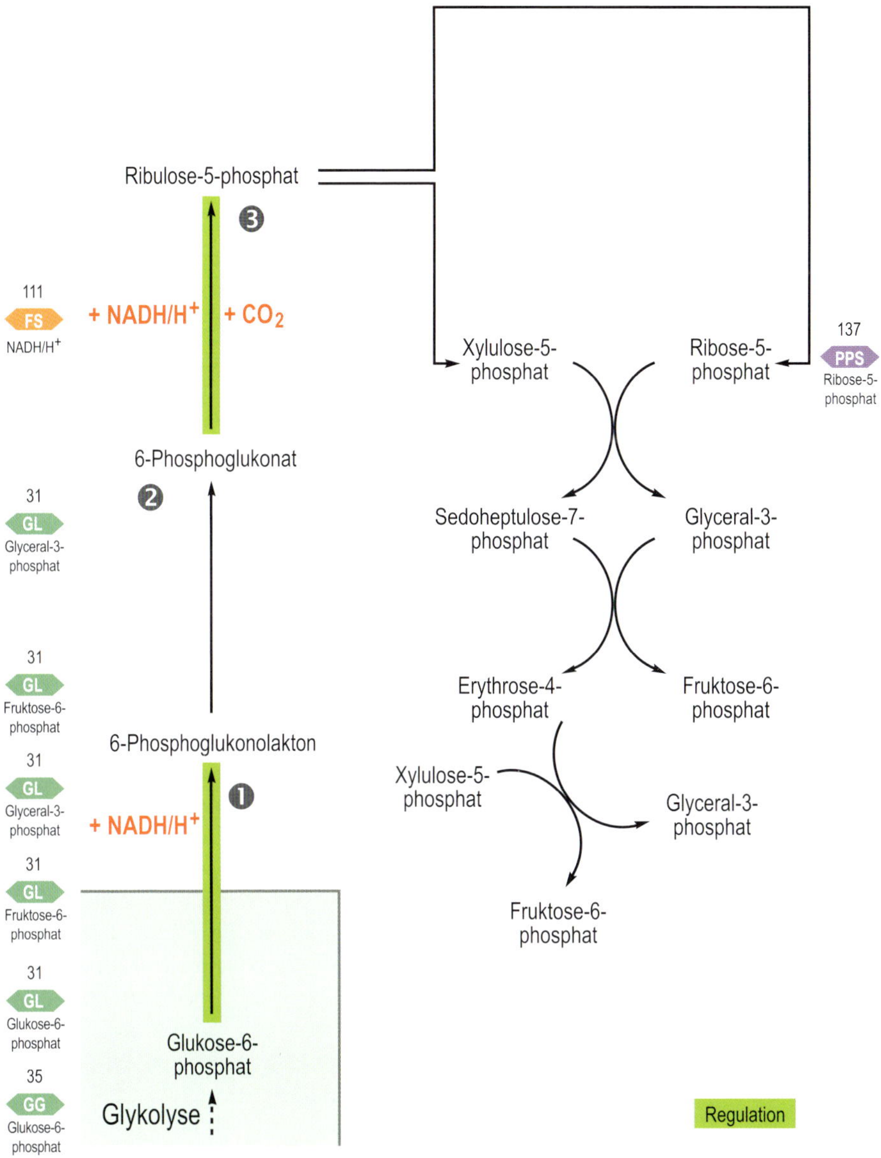
Ribulose-5-phosphat
3
111
FS
NADH/H+
+ NADH/H+
+ CO2
Xylulose-5-phosphat
Ribose-5-phosphat
137
PPS
Ribose-5-phosphat
6-Phosphoglukonat
2
31
GL
Glyceral-3-phosphat
Sedoheptulose-7-phosphat
Glyceral-3-phosphat
31
GL
Fruktose-6-phosphat
Erythrose-4-phosphat
Fruktose-6-phosphat
6-Phosphoglukonolakton
31
GL
Glyceral-3-phosphat
Xylulose-5-phosphat
1
+ NADH/H+
Glyceral-3-phosphat
31
GL
Fruktose-6-phosphat
Fruktose-6-phosphat
31
GL
Glukose-6-phosphat
Glukose-6-phosphat
35
GG
Glukose-6-phosphat
Glykolyse
Regulation

- Im zweiten nichtoxidativen Abschnitt folgen drei reversible Umlagerungen ❶. Sie werden von einer **Transketolase** ❷ und einer **Transaldolase** ❸ katalysiert. Transketolasen übertragen zwei Kohlenstoffatome einer Ketose auf das erste Kohlenstoffatom einer Aldose. Dadurch entsteht eine um zwei Kohlenstoffatome längere Aldose und eine entsprechend verkürzte Ketose. Die Transaldolase überträgt drei Kohlenstoffatome von einer Ketose auf eine Aldose. Da alle Reaktionen in diesem Abschnitt reversibel sind, kann die Synthese unterschiedlich langer Zucker jeweils dem Bedarf angepasst werden.

- Durch den Pentosephosphatweg kann nach mehreren Durchläufen ein Glukosemolekül komplett zu CO_2 oxidiert werden. In der Summe werden dabei 12 Mol NADPH/H^+ pro Glukosemolekül erzeugt. Durch die Verwendung von $NADP^+$ anstelle von NAD^+ können Glykolyse und Pentosephosphatweg nebeneinander im Zytoplasma ablaufen.

i **Stoffwechsel von Fruktose und anderen Kohlenhydraten**

Fruktose wird insulinunabhängig aufgenommen und deswegen als Zuckerersatz für Diabetiker verwendet. Die erste Phosphorylierung führt allerdings zum Fruktose-1-phosphat und erst auf der Stufe von Glyceral-3-phosphat tritt die Fruktose in die Glykolyse ein. Der Energiegewinn beträgt wie bei der Glukose 2 ATP pro Molekül. Ein kleiner Teil der Fruktose passiert die Leber und gelangt unverändert ins Blut.

Es gibt keine essenziellen Kohlenhydrate, alle Verbindungen können biosynthetisch hergestellt werden. Bei Fruktose führt der Reaktionsweg über Glukose und Sorbit. Galaktose als Bestandteil des Milchzuckers Laktose wird zur Biosynthese vieler Glykoproteine und Glykolipide benötigt. Sie wird in der Leber in UDP-Galaktose umgewandelt und in dieser Form als Synthesebaustein eingesetzt. Um als Energielieferant zu dienen, muss die UDP-Galaktose zuerst in UDP-Glukose umgewandelt werden (Epimerisierung). Danach gelangt sie in die Glykolyse.

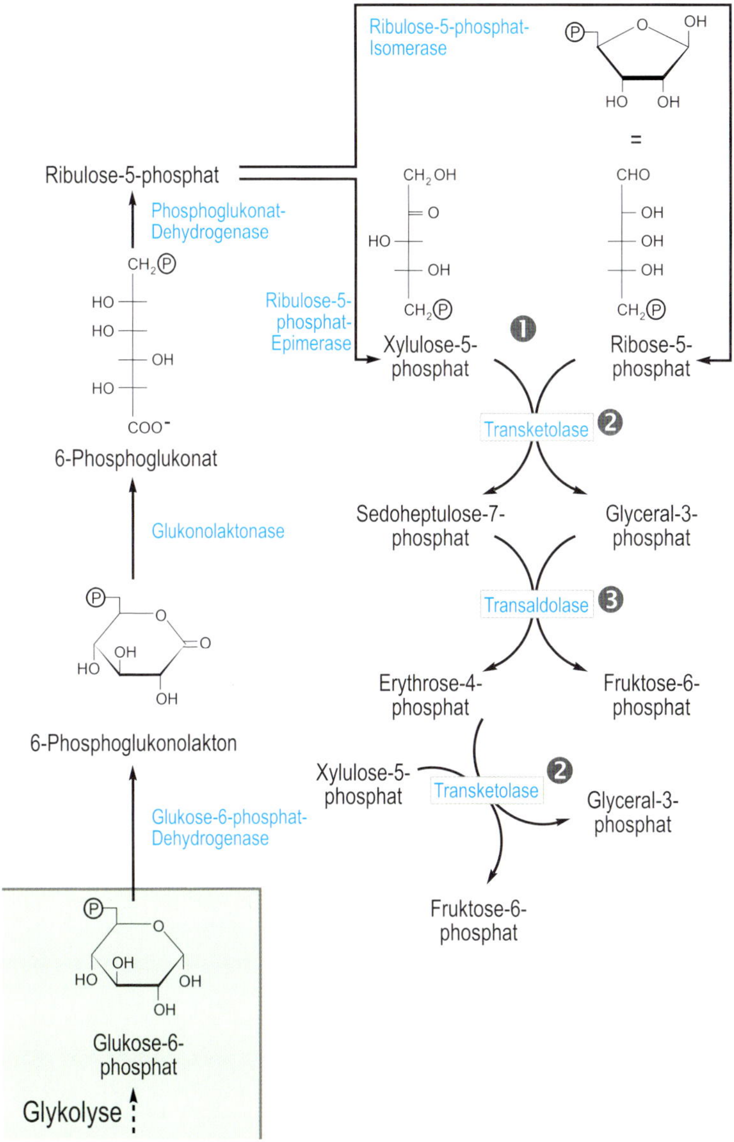

137 PPS Ribose-5-phosphat

31 GL Glyceral-3-phosphat

31 GL Fruktose-6-phosphat

31 GL Glyceral-3-phosphat

31 GL Fruktose-6-phosphat

31 GL Glukose-6-phosphat

35 GG Glukose-6-phosphat

- **Diabetes mellitus**

  Das im Pankreas gebildete **Insulin** bewirkt eine Absenkung des Blutglukosespiegels besonders durch Einwirken auf die Skelettmuskulatur, das Fettgewebe und die Leber. Bei Diabetes mellitus liegt ein **absoluter** (Typ 1) oder **relativer** (Typ 2) **Insulinmangel** vor. Die Regulation der Blutglukose gerät aus dem Gleichgewicht. Im Extremfall steigt die Glukosekonzentration auf Werte über 400–1.000 mg/dl an (normal: 80–120 mg/dl). Dadurch werden vermehrt Proteine und Fette abgebaut und es kommt zu einem immensen Flüssigkeits- und Elektrolytverlust. Die Therapie basiert bei Typ 1 auf parenteral verabreichtes, gentechnisch hergestelltes Humaninsulin, beim Typ-2-Diabetes stehen wegen der Insulinresistenz der Gewebe Diät und Aktivität neben oralen Antidiabetika und Insulin im Vordergrund.

- **Hämolytische Anämie (Beispiel Glukose-6-phospat-Dehydrogenase-Mangel)**

  Ein Defekt im Gen der **Glukose-6-phosphat-Dehydrogenase** äußert sich in einer hämolytischen Anämie. In den Erythrozyten kommt es aufgrund der fehlenden Reduktionsäquivalente (NADPH/H^+) zu einer verminderten Bildung von reduziertem Gluthathion, welches dem Schutz der Erythrozyten vor Oxidanzien dient. Die Membranen der Erythrozyten altern sehr schnell, was im Endeffekt zur Zerstörung der roten Blutkörperchen führt. Es ist keine spezifische Behandlung möglich, aber durch Patientenaufklärung und Meidung der auslösenden Noxen sind die hämolytischen Krisen vermeidbar.

- **Galaktosämie**

  Bei der Galaktosämie (Inzidenz 1:55.000) kommt es zu einer Abbaustörung der Galaktose und ihrer Metaboliten. Sie wird meist durch einen Mangel an **Galaktose-1-phosphat-Uridyltransferase** ausgelöst und ist unter anderem durch eine erhöhte Galaktoseausscheidung im Urin feststellbar. Am 4.-5. Lebenstag werden Neugeborene im Rahmen eines Screening-Tests für Defekte im Aminosäurestoffwechsel (Guthrie-Test) auch auf eine Unverträglichkeit gegenüber Galaktose untersucht. Die Krankheit führt zu schwerwiegenden Leberschädigungen, Katharbildung und Hirnfunktionsstörungen. Eine lebenslange galaktose- und laktosefreie Diät ist momentan die einzige Therapiemöglichkeit.

DIABETES MELLITUS |

Angriffspunkte von Insulin

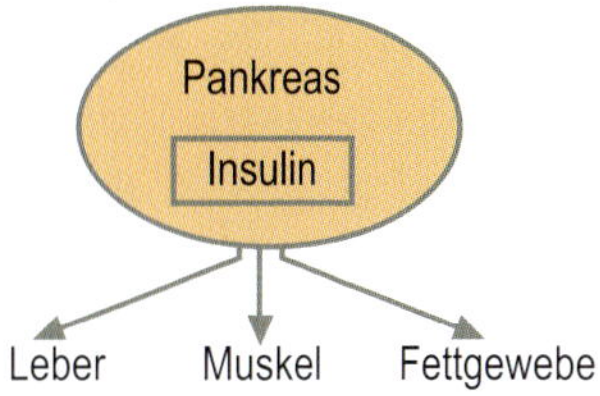

Systemische Insulinwirkung

- Glykolyse: ↑
- Glykogensynthese: ↑
- Glukoneogenese: ↓
- Fettsäuresynthese: ↑
- Proteinsynthese: ↑

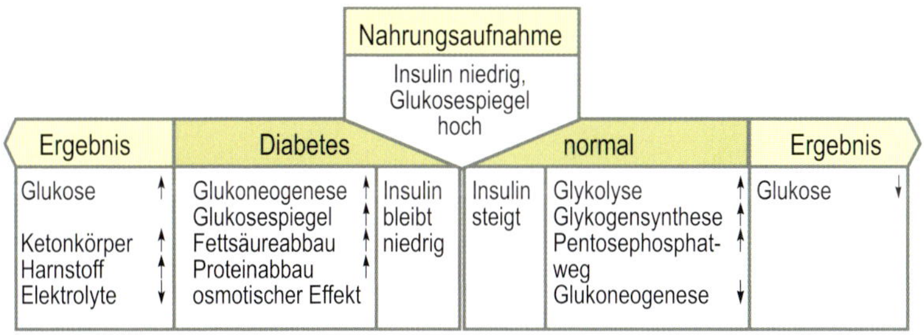

HÄMOLYTISCHE ANÄMIE |

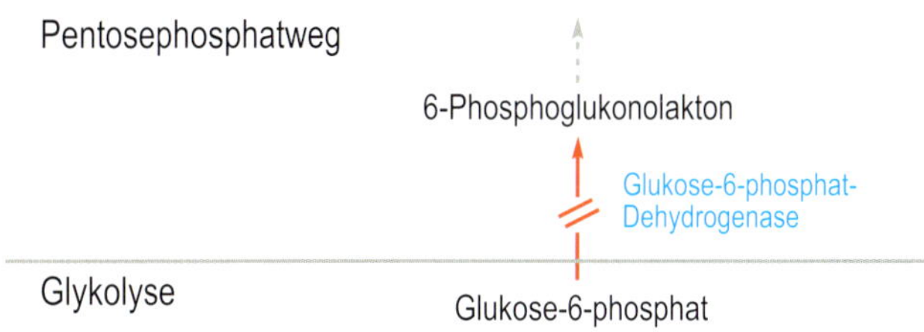

GALAKTOSÄMIE |

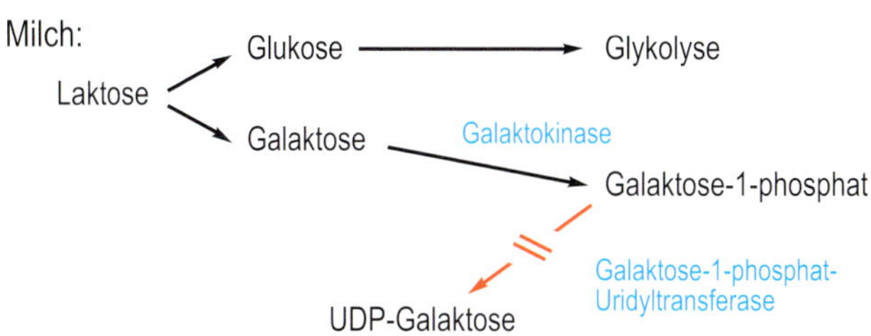

- **Fruktoseintoleranz**
  Fruktoseintoleranz (Häufigkeit 1:20.000) wird durch einen Mangel an **Aldolase B** in der Leber hervorgerufen. Die stattdessen vorhandene **Aldolase A** kann Fruktose-1,6-biphosphat nur sehr langsam abbauen. Es kommt zu einem Substratstau in Leber, Niere und Darmmukosa, der die Glykolyse und den Glykogenabbau weiter drosselt. Die Folge ist eine systemische Unterzuckerung mit entsprechenden Folgesymptomen. Im weiteren Verlauf kommt es zu Leberfunktionsstörungen und Hepatosplenomegalie, Ikterus, Gerinnungsstörungen und Nierenschäden. Es muss zeitlebens eine fruktose- und saccharosefreie Diät eingehalten werden.

- **Glykogenosen**
  Störungen im Glykogenstoffwechsel führen zu Glykogenosen (Glykogenspeicherkrankheiten). Sie sind insgesamt relativ selten und werden meist autosomal-rezessiv vererbt. Die drei häufigsten sind die Von Gierkesche-Krankheit, die Forbesche-Krankheit und die McArdlesche-Krankheit.

  Die **Von Gierkesche-Krankheit** ist auf eine defekte Glukose-6-Phosphatase zurückzuführen ❶. Als Folge kann Glukose weder durch Abbau des Glykogens, noch aus Galaktose, Fruktose oder den Zwischenprodukten der Glukoneogenese freigesetzt werden. Dies erklärt die Hypoglykämie. Das in Leber und Nieren angestaute Glukose-6-phosphat stimuliert die Glykogensynthese und folglich die Glykogenspeicherung.

  Eine defekte Amylo-1,6-Glukosidase führt zur **Forbeschen-Krankheit** ❷. Verzweigtes Glykogen kann nicht mehr weiter abgebaut werden und es kommt zu Ablagerungen in der Leber, in der Muskulatur und im Herzen. Die Krankheit hat meist einen leichten Verlauf.

  Die **McArdlesche-Krankheit** wird durch einen Defekt im Gen der Glykogen-Phosphorylase in der Skelettmuskulatur hervorgerufen ❸. Das Glykogendepot kann nicht mehr zur Deckung des Energiebedarfs herangezogen werden und bleibt als Ablagerung im Muskel zurück. Dadurch ergeben sich Störungen im Energiestoffwechsel der Muskulatur.

FRUKTOSEINTOLERANZ |

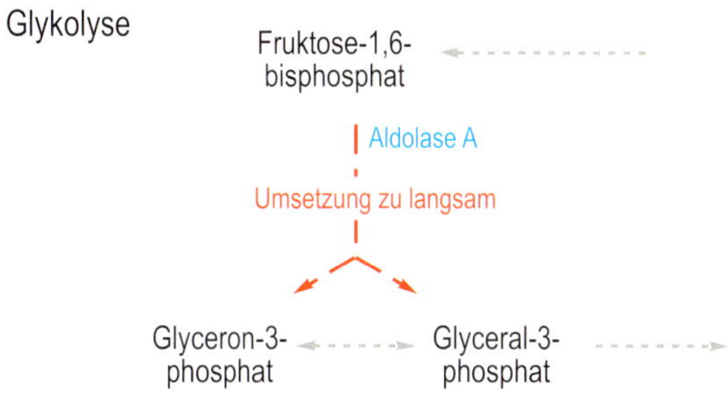

GLYKOGENOSEN |

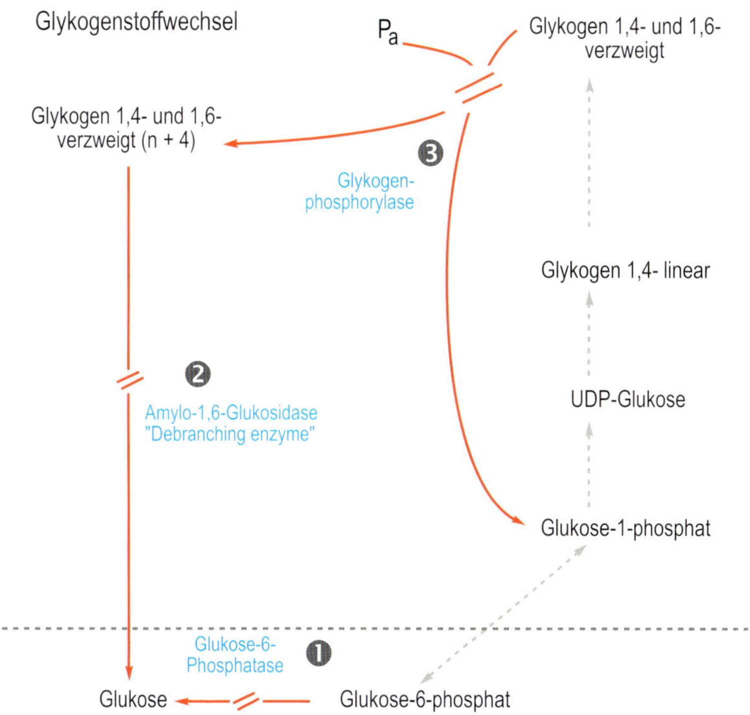

- **Neugeborenenikterus**
  Jedes Neugeborene besitzt im Vergleich zu einem Erwachsenen einen erhöhten Bilirubinwert **(physiologische Hyperbilirubinämie)**. Die Hämoglobinkonzentration ist relativ hoch und die Lebenszeit der Erythrozyten kurz (80 Tage). So wird einerseits mehr Hämoglobin abgebaut, andererseits muss die volle Aktivität der Leberenzyme, hier der Glukuronyl-Transferase, erst noch aufgebaut werden. Bis dahin ist die Bindung von Bilirubin an Glukuronat und damit seine Wasserlöslichkeit herabgesetzt. Bilirubin kann nur vermindert ausgeschieden werden. Der Bilirubinspiegel steigt innerhalb der ersten drei Tage von 2 mg/dl auf Werte bis 13 mg/dl , fällt aber meist innerhalb von einer Woche auf Normalwerte ab. Kommt es in dieser Zeit zu einer stärkeren Hämolyse, kann ein pathologischer Neugeborenenikterus auftreten. Eine photochemische Behandlung (blaues Licht 400-500 nm) überführt das angestaute Bilirubin in eine wasserlösliche Bilirubinvariante, die ausgeschieden werden kann.

- **Glukose-Nachweise**
  Ein erhöhter Blutglukosespiegel lässt sich am einfachsten mit Teststreifen im Urin nachweisen (normale Nierenschwelle für Glukose: 150–180 mg/dl Glukose im Blut). Exakter sind **photometrische Methoden** auf Blutbasis. Beide Nachweise basieren auf enzymatischen Verfahren. Bei der **Glukoseoxidase-Peroxidase-Reaktion** ❶ wird Glukose zu Glukonsäure ❷ oxidiert. Das im Reaktionsverlauf entstehende Wasserstoffperoxid ❸ kann mit Peroxidase und einem geeigneten Farbreagenz nachgewiesen werden.
  Eine andere Möglichkeit ist die Umsetzung von Glukose ❹ zu 6-Phospho-Glukonolakton mit Hexokinase als Katalysator (**Hexokinase-Methode**). In einem zweiten Reaktionsschritt oxidiert die Glukose-6-phosphat-Dehydrogenase Glukose-6-phosphat ❺ zu Glukonolakton ❻. Dabei wird proportional zur Glukose NADPH/H^+ erzeugt, das bei 340 nm photometrisch bestimmt werden kann.
  Anwendung findet die Untersuchung des Blutglukosegehalts bei Verdacht auf Hyper- oder Hypoglykämie. Der entscheidende Test für die Diagnostik eines Diabetes mellitus ist der Nüchternblutzucker (Nüchternplasmaglukose Normalwert: <110 mg/dl bzw. <6,1 mmol/l).

NEUGEBORENENIKTERUS

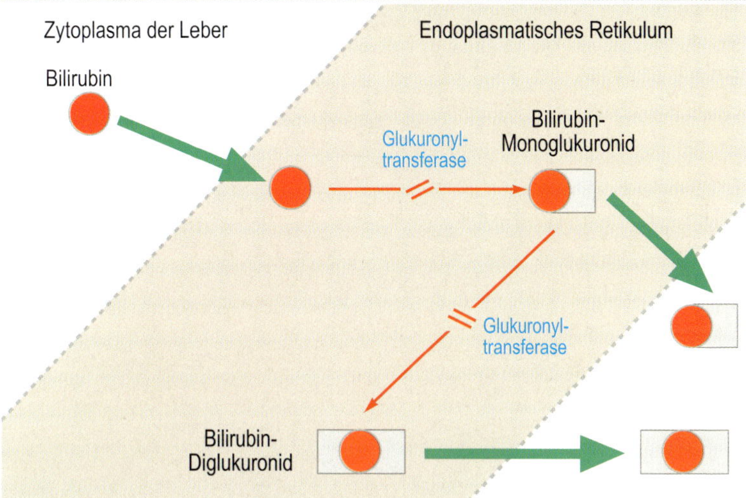

GLUKOSE-NACHWEISE

Stäbchentest (Urin)

1. Glukosidase-Peroxidase-Reaktion Glukose ~ Wasserstoffperoxid ~ Färbung

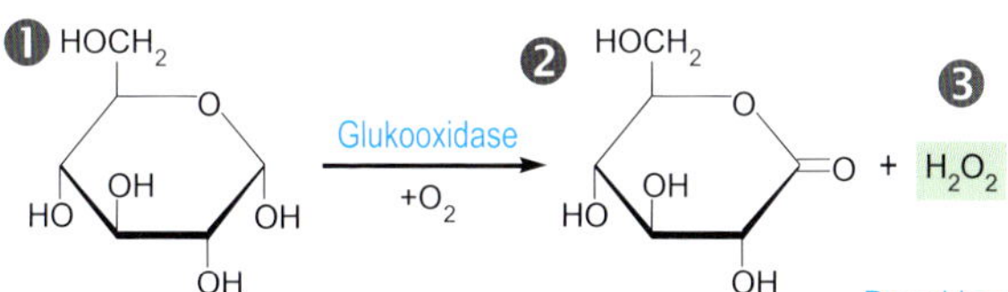

Farbstoff-H_2 + H_2O_2 (weiß) —Peroxidase→ Farbstoff + 2 H_2O (gefärbt)

Labormethode (Blut)

2. Hexokinase Glukose ~ NADPH/H^+ 340 nm Absorptionsmaximum

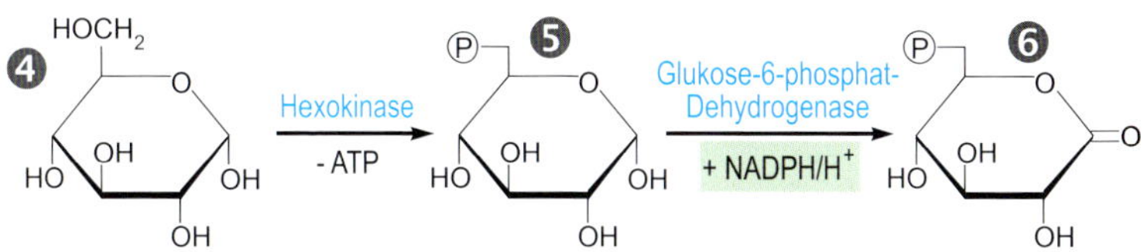

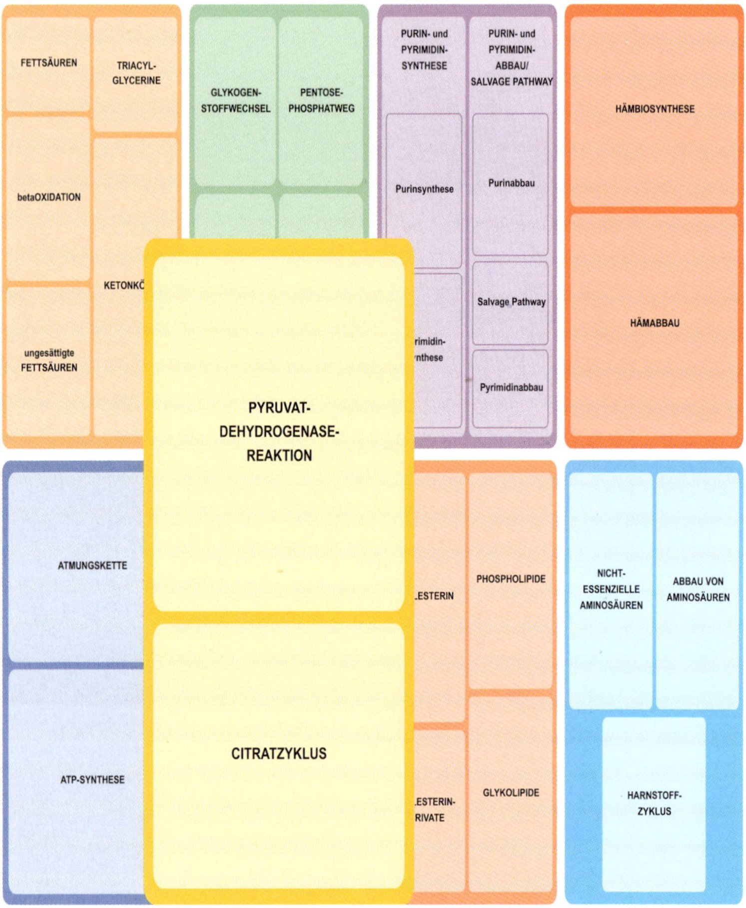
FETTSÄUREN
TRIACYL-GLYCERINE
betaOXIDATION
KETONKÖ
ungesättigte FETTSÄUREN
GLYKOGEN-STOFFWECHSEL
PENTOSE-PHOSPHATWEG
PURIN- und PYRIMIDIN-SYNTHESE
PURIN- und PYRIMIDIN-ABBAU/ SALVAGE PATHWAY
Purinsynthese
Purinabbau
Salvage Pathway
rimidin-nthese
Pyrimidinabbau
HÄMBIOSYNTHESE
HÄMABBAU
PYRUVAT-DEHYDROGENASE-REAKTION
CITRATZYKLUS
ATMUNGSKETTE
ATP-SYNTHESE
LESTERIN
LESTERIN-RIVATE
PHOSPHOLIPIDE
GLYKOLIPIDE
NICHT-ESSENZIELLE AMINOSÄUREN
ABBAU VON AMINOSÄUREN
HARNSTOFF-ZYKLUS

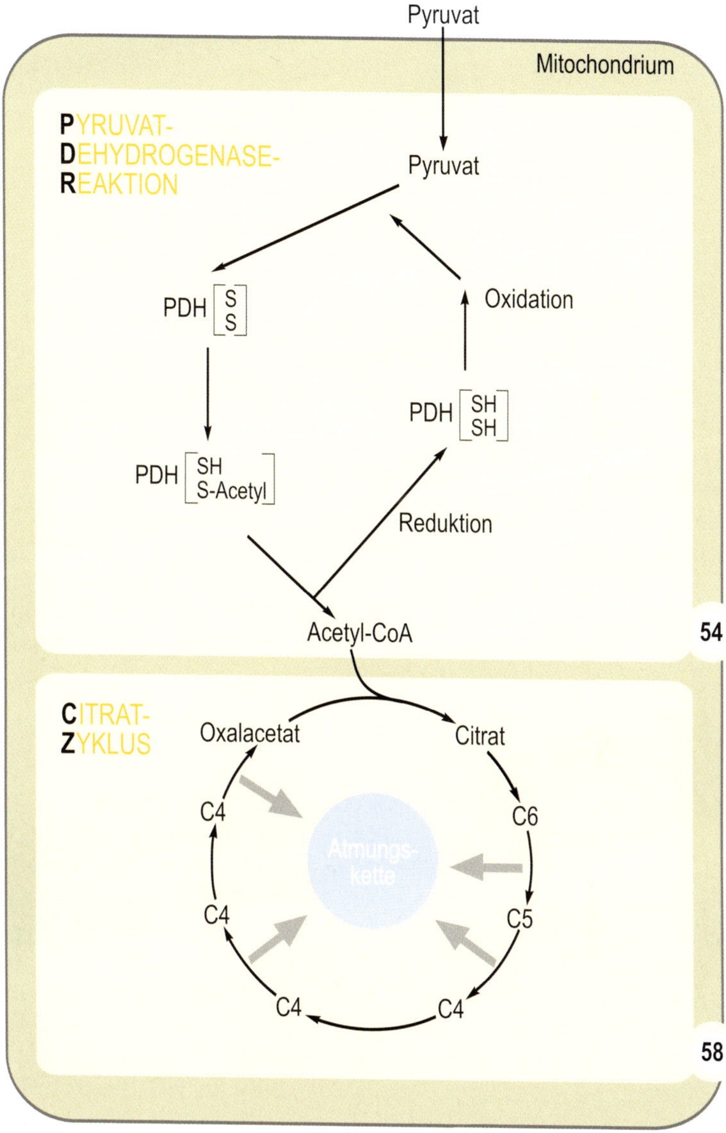
Pyruvat
Mitochondrium
PYRUVAT-
DEHYDROGENASE-
REAKTION
Pyruvat
PDH S S
Oxidation
PDH SH SH
PDH SH S-Acetyl
Reduktion
Acetyl-CoA
54
CITRAT-
ZYKLUS
Oxalacetat
Citrat
C4
C6
Atmungs-
kette
C4
C5
C4
C4
58

Citratzyklus

Die Energiegewinnung aus Glukose führt über die **Glykolyse** in den **Citratzyklus** und endet in der **Atmungskette**. Dabei muss das Pyruvat aus der Glykolyse in **Acetyl-Coenzym A** (Acetyl-CoA) umgewandelt werden (aerobe Bedingungen). Diese Umsetzung wird durch den Multienzymkomplex der Pyruvat-Dehydrogenase (PDH) katalysiert. Er befindet sich im Mitochondrium in unmittelbarer Nachbarschaft zu den beiden Folgeprozessen Citratzyklus und Atmungskette.

- Das Pyruvat diffundiert aus der Glykolyse kommend durch die äußere Membran des Mitochondriums und gelangt mittels Protonensymport über die innere Membran in die Matrix des Mitochondriums ❶. Dort wird der **Pyruvat-Dehydrogenase-Komplex** aktiv. Er besteht aus den drei Enzymen **Pyruvat-Dehydrogenase** (nicht zu verwechseln mit dem PDH-Komplex), **Dihydroliponamid-Acetyltransferase** und **Dihydroliponamid-Dehydrogenase**.

- Zusätzlich werden noch einige Vitamine als Coenzyme benötigt. Eine Unterversorgung mit diesen Vitaminen kann zu entsprechenden Mangelerscheinungen führen (→ S. 64).

- Der Transport des Pyruvats ins Mitochondrium entfernt die Verbindung aus dem zytosolischen Gleichgewicht. Einmal zum Acetyl-CoA umgesetzt, gibt es dann keinen Weg mehr zurück zur Glukose.

- Im ersten Reaktionsschritt lagert sich Pyruvat an die Pyruvat-Dehydrogenase an und reagiert mit deren Coenzym **Thiamindiphosphat** (ThiaminPP). Dabei entsteht unter Abspaltung von CO_2 ein aktiviertes Acetaldehyd ❷. Es folgt die Oxidation zum Acetyl-Rest durch das im PDH-Komplex enthaltene **Liponamid**, wobei der Acetylrest auf die Disulfidgruppe des Liponamids übertragen wird ❸. Der Acetylrest wird dadurch zu einem reaktiven Thioester, der von der Dihydroliponamid-Acetyltransferase auf CoA übertragen wird. Während dieser Reaktionsfolge ist aus der Disulfidgruppe des Liponamids eine reduzierte Dithiol-Gruppe entstanden ❹. Um den Reaktionszyklus zu vollenden, ist ein drittes Enzym, die Dihydroliponamid-Dehydrogenase notwendig. Es oxidiert unter Verbrauch von FAD das Dithiol wieder zu Disulfid ❺.

Pyruvat-Dehydrogenase-Reaktion

31 GL Pyruvat

89 AAS Pyruvat

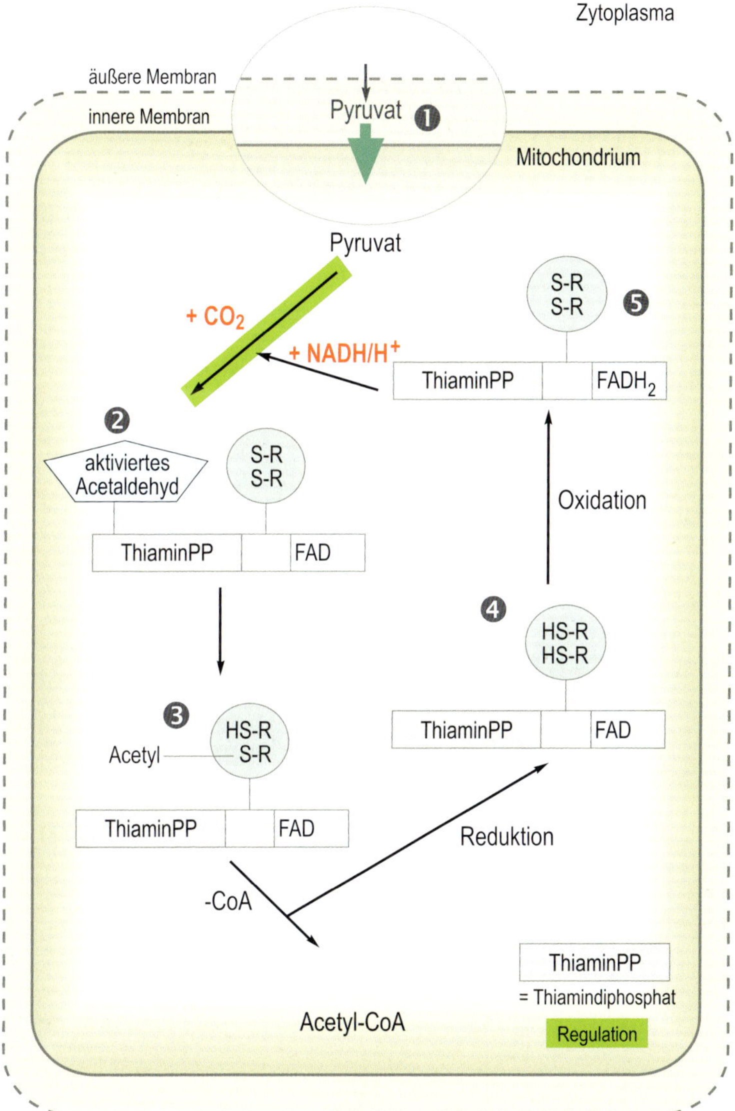

121 CHO Acetyl-CoA

59 CZ Acetyl-CoA

- Der Umbau von Pyruvat zu Acetyl-CoA wird sowohl **allosterisch** als auch durch **reversible Phosphorylierung** (Interkonvertierung) reguliert. Im ersten Fall sind Verbindungen aus dem Mitochondrium steuernd wirksam. Sie spiegeln die aktuelle Stoffwechselsituation der Zelle wider. Die zweite Regulationsmöglichkeit ist die Phosphorylierung bzw. Dephosphorylierung der PDH.

- Über zwei Enzyme lässt sich die Aktivität des PDH-Komplexes steuern. Die **PDH-Kinase** phosphoryliert eine Untereinheit des PDH-Komplexes und versetzt sie damit in einen inaktiven Zustand. Alle Verbindungen, welche die PDH-Kinase aktivieren und somit hemmend auf den PDH-Komplex wirken, kennzeichnen eine gute Energieversorgung der Zelle. Umgekehrt dephosphoryliert die **PDH-Phosphatase** die Untereinheit und ermöglicht die Herstellung von Acetyl-CoA.

Tab. 6 Regulation Pyruvat-Dehydrogenase

	gehemmt durch	aktiviert durch
allosterisch	ATP, NADH/H^+, Acetyl-CoA	ADP, NAD^+, CoA
Interkonvertierung: a) PDH-Kinase (Phosphorylierung)	Pyruvat	ATP, NADH/H^+, Acetyl-CoA
b) PDH-Phosphatase (Dephosphorylierung)		Ca^{2+}, Mg^{2+}

Pyruvat-Dehydrogenase-Reaktion

31 GL Pyruvat

89 AAS Pyruvat

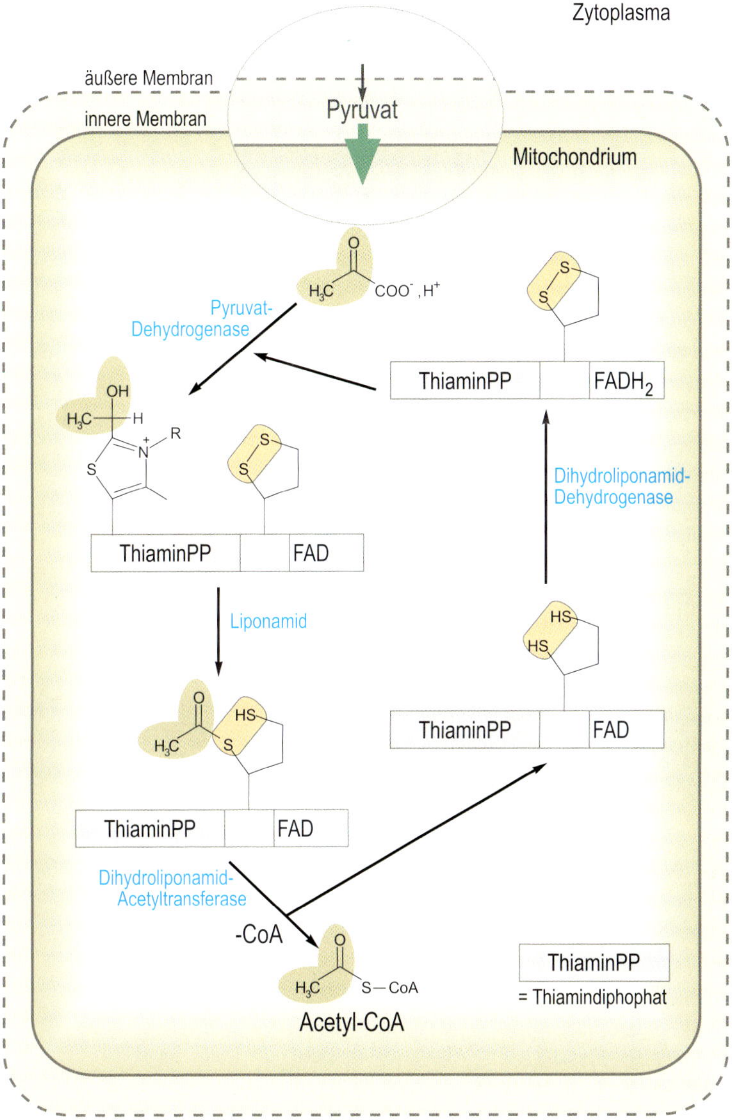

121 CHO Acetyl-CoA

59 CZ Acetyl-CoA

Der Ablauf des Citratzyklus wurde von Hans Krebs erforscht, der dafür 1953 den Nobelpreis für Medizin erhielt. Er erkannte ihn als wichtigste zyklische Reaktionsfolge für den oxidativen Abbau von Proteinen, Fetten und Kohlenhydraten.
Der Citratzyklus findet in der Matrix des Mitochondriums statt. Dort befindet er sich in unmittelbarer Nähe zur Atmungskette, die an der inneren Membran abläuft. Reduktionsäquivalente aus allen Stoffwechselreaktionen, so auch aus dem Citratzyklus, können hier zur ATP-Synthese genutzt werden.

- Der Citratzyklus beginnt mit der Reaktion von **Oxalacetat** und **Acetyl-CoA** ❶, das hauptsächlich aus der vorgelagerten Pyruvat-Dehydrogenase-Reaktion (→ S. 54) stammt. Weitere Quellen sind Stoffwechselwege der Aminosäuren, der Lipide und der übrigen Kohlenhydrate. Sie alle münden in die Schlüsselverbindung Acetyl-CoA.

- Zur Energiegewinnung wird im ersten Schritt **Citrat** erzeugt und in den Kreisprozess eingespeist ❷. Im Verlauf von sieben Reaktionsschritten entsteht daraus wieder Oxalacetat, das den Startpunkt für den nächsten Reaktionszyklus darstellt. Außerdem entstehen zwei Moleküle CO_2, ein Molekül GTP und formal acht H-Atome in Form von 3 $NADH/H^+$ und 1 $FADH_2$.

- Die Regulation des Citratzyklus steht in engem Zusammenhang mit dem Energiehaushalt der jeweiligen Zelle. Durch drei Enzyme wird der Kreisprozess gesteuert: **Citratsynthase**, **Isocitrat-Dehydrogenase** und **Succinat-Dehydrogenase** (→ S. 61).

- Die Geschwindigkeit des Citratzyklus wird durch die Anwesenheit von ATP, Citrat und Reduktionsäquivalenten ($NADH/H^+$) gedrosselt. Angriffspunkte sind die erwähnten drei Reaktionen. Zusätzlich hat die Konzentration von Acetyl-CoA einen regulierenden Effekt. Sie wird indirekt über die Aktivität der Pyruvat-Dehydrogenase-Reaktion gesteuert. Schlüsselmoleküle des Energiestoffwechsels wie ATP bzw. ADP oder NAD^+ bzw. $NADH/H^+$ wirken hier wiederum aktivierend bzw. reprimierend auf die Pyruvat-Dehydrogenase.

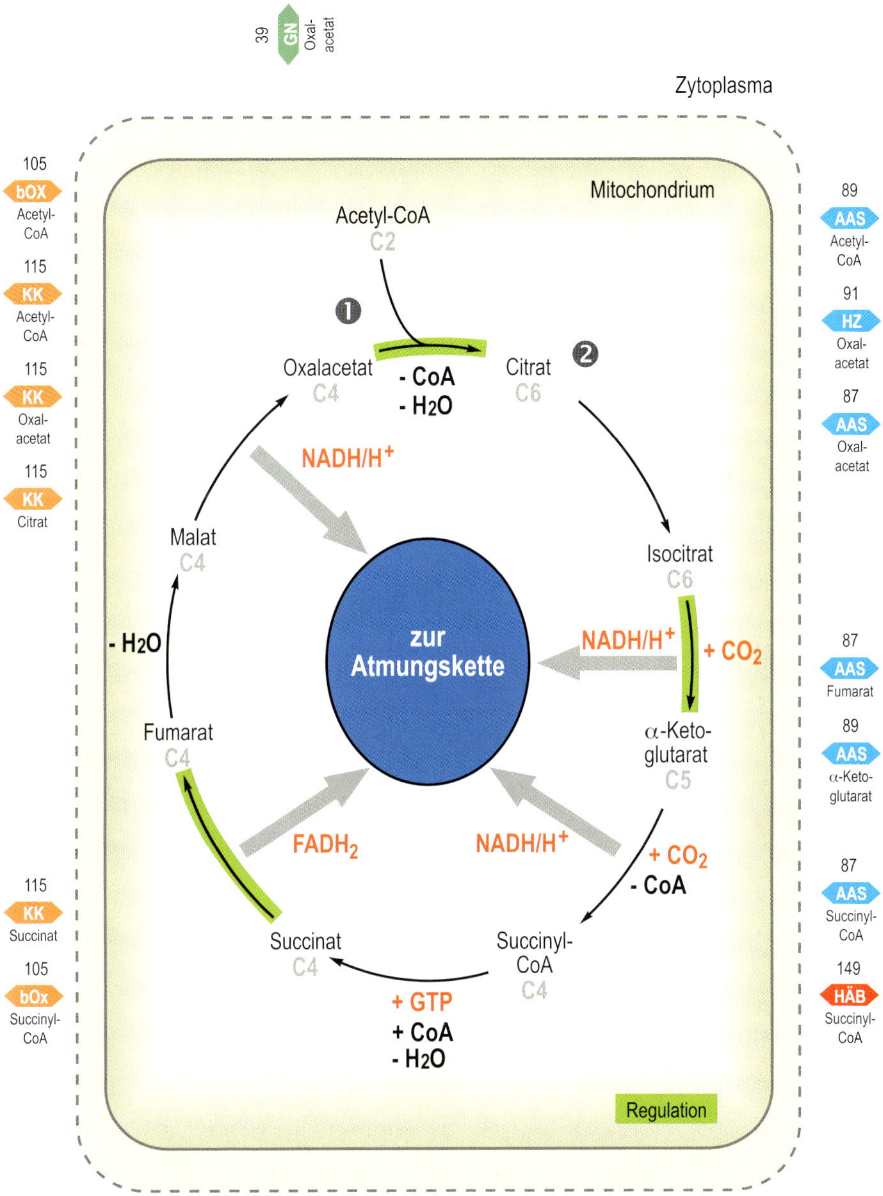
39
GN
Oxal-
acetat
Zytoplasma
Mitochondrium
105
bOX
Acetyl-
CoA
115
KK
Acetyl-
CoA
115
KK
Oxal-
acetat
115
KK
Citrat
89
AAS
Acetyl-
CoA
91
HZ
Oxal-
acetat
87
AAS
Oxal-
acetat
Acetyl-CoA
C2
1
Oxalacetat
C4
- CoA
- H2O
Citrat
C6
2
NADH/H+
Isocitrat
C6
zur
Atmungskette
NADH/H+
+ CO2
α-Keto-
glutarat
C5
Malat
C4
- H2O
Fumarat
C4
FADH2
NADH/H+
+ CO2
- CoA
Succinat
C4
Succinyl-
CoA
C4
+ GTP
+ CoA
- H2O
87
AAS
Fumarat
89
AAS
α-Keto-
glutarat
87
AAS
Succinyl-
CoA
149
HÄB
Succinyl-
CoA
115
KK
Succinat
105
bOx
Succinyl-
CoA
Regulation

- Der Citratzyklus ist einerseits die Schaltstelle des Energiestoffwechsels, auf der anderen Seite aber auch Ausgangspunkt für zahlreiche Biosynthesen: Aminosäuren, Glukose, Häm, Fettsäuren und Cholesterin.

- Aus den α-**Ketosäuren** können die entsprechenden Aminosäuren hergestellt werden. Diese Reaktion wird von Transaminasen katalysiert. So entsteht aus α-Ketoglutarat ❶ durch Transaminierung Glutamat.

- Das **Oxalacetat** ❷ kann bei Glukosemangel zur Glukoneogenese genutzt werden. Über den Malat-Shuttle gelangt es dann wieder vom Mitochondrium ins Zytoplasma und kann dort zum Phosphoenolpyruvat abgebaut werden.

- Auch **Fettsäure- und Cholesterinsynthese** bauen auf Acetyl-CoA ❸ auf. Da beide Synthesen aber im Zytoplasma stattfinden, muss ein Transportsystem eingeschaltet werden. Hierzu ist ein Umweg über Citrat notwendig. Acetyl-CoA wird mit Oxalacetat zu Citrat umgesetzt. Ein Tricarbonsäure-Transporter (→ S. 114) schleust dann Citrat aus dem Mitochondrium ins Zytoplasma. Dort wird es wieder in Oxalacetat und Acetyl-CoA zerlegt und kann in die beiden Synthesen einfließen. Oxalacetat wird zu Malat reduziert und über den Malat-Shuttle (→ S. 74) zurück ins Mitochondrium transportiert.

- Aus dem C4-Gerüst des **Succinyl-CoA** ❹ wird zusammen mit Glycin der Häm-Vorläufer δ-Aminolävulinsäure hergestellt. Dies passiert noch innerhalb des Mitochondriums, die weitere Häm-Synthese findet allerdings im Zytoplasma statt.

i Die enge Verflechtung mit der Atmungskette wird auch durch die Succinat-Dehydrogenase dokumentiert, die dort als Komplex II der Atmungskette an der Reduktion von Ubichinon zu Ubichinol beteiligt ist.

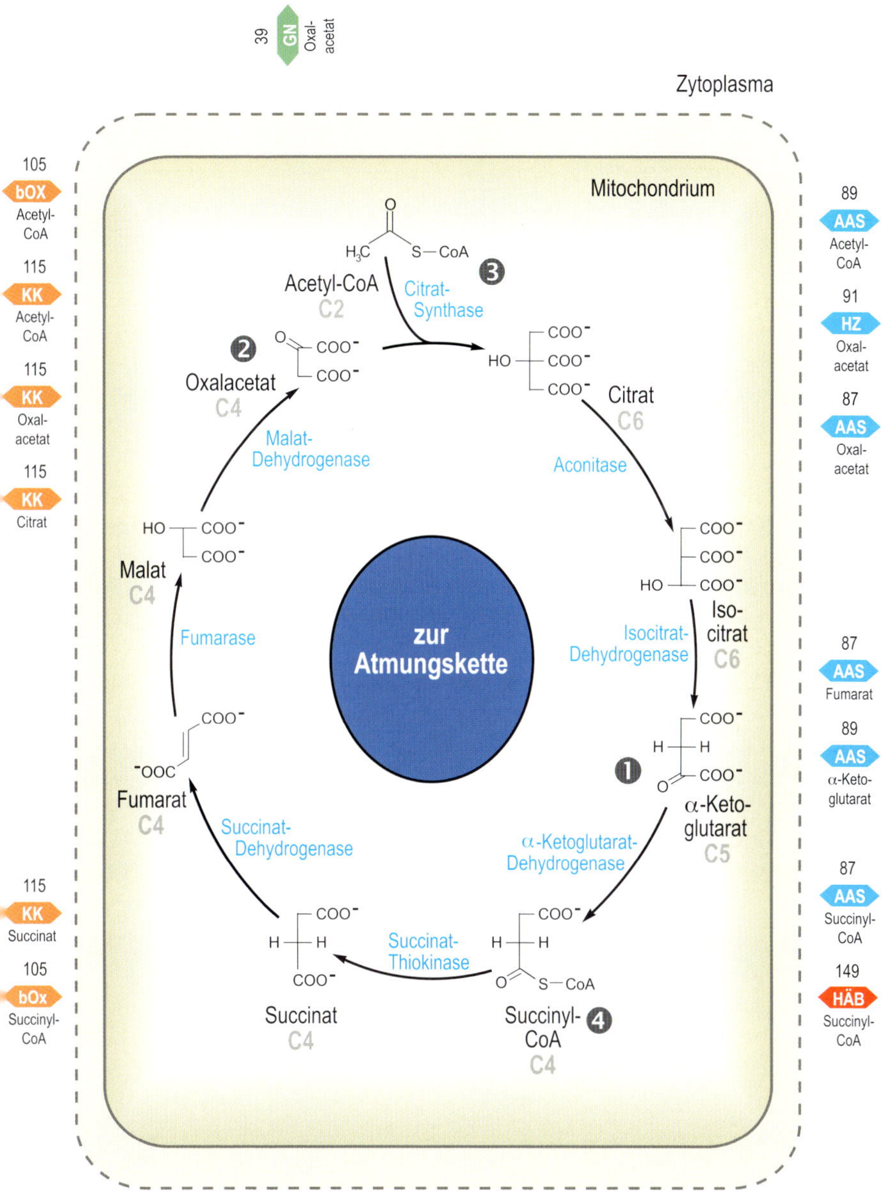
39
GN
Oxal-
acetat
Zytoplasma
105
bOX
Acetyl-
CoA
115
KK
Acetyl-
CoA
115
KK
Oxal-
acetat
115
KK
Citrat
115
KK
Succinat
105
bOx
Succinyl-
CoA
89
AAS
Acetyl-
CoA
91
HZ
Oxal-
acetat
87
AAS
Oxal-
acetat
87
AAS
Fumarat
89
AAS
α-Keto-
glutarat
87
AAS
Succinyl-
CoA
149
HÄB
Succinyl-
CoA
Mitochondrium
Acetyl-CoA
C2
Citrat-
Synthase
Oxalacetat
C4
Citrat
C6
Aconitase
Malat-
Dehydrogenase
Malat
C4
Fumarase
zur
Atmungskette
Iso-
citrat
C6
Isocitrat-
Dehydrogenase
Fumarat
C4
α-Keto-
glutarat
C5
Succinat-
Dehydrogenase
α-Ketoglutarat-
Dehydrogenase
Succinat-
Thiokinase
Succinat
C4
Succinyl-
CoA
C4

Wenn ständig Zwischenprodukte aus dem Citratzyklus abgezogen werden, müssen diese wieder aufgefüllt werden. Um einen reibungslosen Kreislauf zu gewährleisten, gibt es die so genannten **anaplerotischen Reaktionen**. Sie verhindern einen Mangel an Zwischenprodukten, indem sie die entsprechenden Verbindungen nachliefern.

- Eine dieser anaplerotischen Reaktionen wird durch die **Pyruvat-Carboxylase** katalysiert ❶. Sie steht an der Weiche zwischen Glukoneogenese und Citratzyklus. In dieser Reaktion wird Pyruvat zu Oxalacetat umgesetzt, das je nach Bedarf entweder zur Glukosesynthese oder zur Energiegewinnung im Citratzyklus dient.

- Engpässe an α-Ketoglutarat können durch die **Glutamat-Dehydrogenase** ausgeglichen werden ❷. Sie katalysiert die Abspaltung der Amino-Gruppe aus Glutamat. Dabei wird das Glutamat zu α-Ketoglutarat oxidiert. Die einhergehende Reduktion erzeugt Ammoniak und NADPH/H^+.

- Auch aus dem Zytoplasma können dem Citratzyklus Zwischenprodukte zugeführt werden. Das **Malat-Enzym** stellt aus Malat unter CO_2-Abspaltung Pyruvat her ❸. Dies gelangt durch einen H^+-Symporter ins Mitochondrium. Dort wird Pyruvat entweder zu Acetyl-CoA decarboxyliert oder es wird zu Oxalacetat aufgebaut und durch die Malat-Dehydrogenase wieder zu Malat umgesetzt. Jedes dieser Zwischenprodukte kann an entsprechender Stelle in den Citratzyklus einfließen.

- Während der **Synthese von Harnstoff** aus Ammoniak und Aspartat (→ S. 90) wird Fumarat als ein weiteres Zwischenprodukt des Citratzyklus erzeugt ❹. Im Harnstoffzyklus reagiert Aspartat mit Citrullin zu Argininosuccinat. Bei dessen Umsetzung zu Arginin wird Fumarat abgespalten. Diese Reaktion findet im Zytoplasma statt.

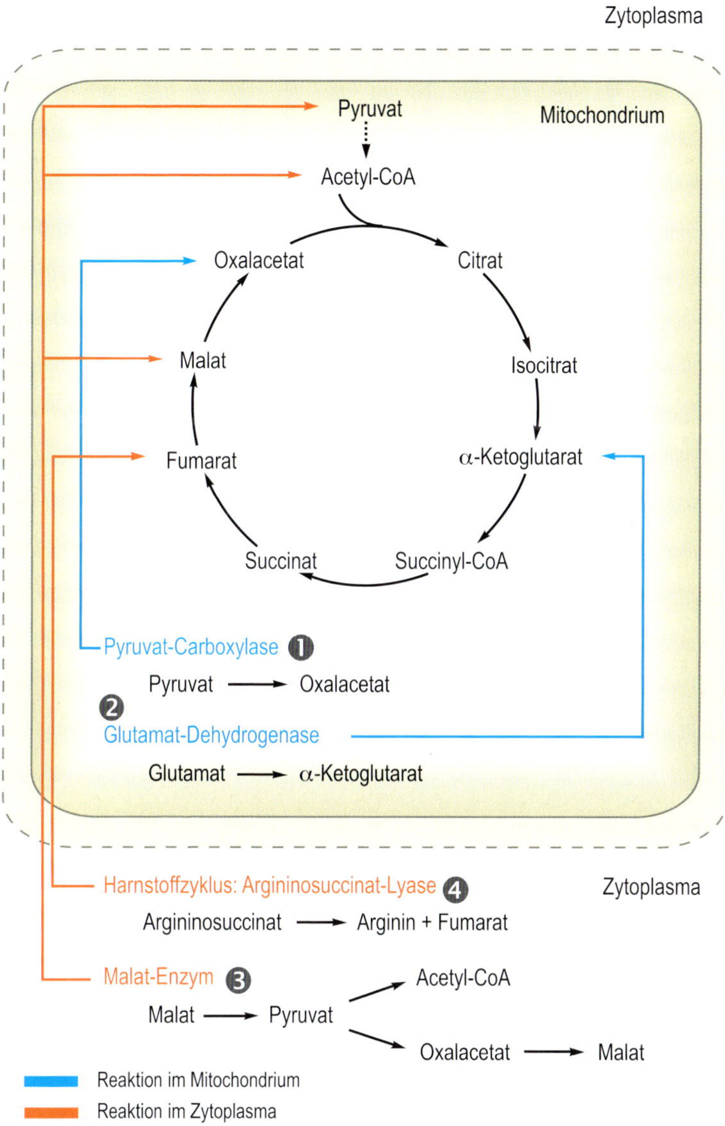
Zytoplasma
Mitochondrium
Pyruvat
Acetyl-CoA
Oxalacetat
Citrat
Malat
Isocitrat
Fumarat
α-Ketoglutarat
Succinat
Succinyl-CoA
Pyruvat-Carboxylase 1
Pyruvat → Oxalacetat
2
Glutamat-Dehydrogenase
Glutamat → α-Ketoglutarat
Harnstoffzyklus: Argininosuccinat-Lyase 4
Zytoplasma
Argininosuccinat → Arginin + Fumarat
Malat-Enzym 3
Malat → Pyruvat → Acetyl-CoA
Oxalacetat → Malat
Reaktion im Mitochondrium
Reaktion im Zytoplasma

- **Vitamin B1-Mangel (Beri-Beri-Krankheit)**
  Die tägliche Zufuhr an Vitamin B1 (Thiamin) sollte etwa 1,7 mg betragen. Der exakte Bedarf ist abhängig von der momentanen Stoffwechselsituation, d. h. Fieber, gesteigerte Muskelarbeit oder Schwangerschaft erhöhen den Tagesbedarf. Durch einseitige Ernährung treten beispielsweise bei chronischen Alkoholikern Symptome auf, die auf einen **Thiaminmangel** zurückzuführen sind. Thiaminmangelzustände kommen sonst in den industriealisierten Ländern selten vor. Jedoch sind Entwicklungsländer, in denen geschälter Reis (Schale enthält Thiamin) als Grundnahrungsmittel dient, von der Beri-Beri-Krankheit häufig betroffen. Die relativ unspezifischen Symptome sind Anämien mit Appetitlosigkeit und Müdigkeit, neurologische Störungen mit Verwirrtheit und Muskelschwäche.
  Thiaminpyrophosphat (TPP) wird als Coenzym für die Pyruvat-Dehydrogenase ❶ und die α-Ketoglutarat-Dehydrogenase ❷ benötigt. Ebenso kann die Transketolase aus dem Pentosephosphatweg ohne TPP nicht arbeiten ❸. Bei TPP-Mangel entsteht daher eine erhöhte Pentosephosphat-Konzentration in den Erythrozyten, die auch zur Labordiagnostik herangezogen werden kann.

- **Leberschädigung**
  Ein Kennwert zur Diagnose von Leberzellschädigungen ist die Bestimmung der Aktivität hepatozellulärer Enzyme im Serum, z. B. der **Glutamat-Dehydrogenase** (GLDH). Das Enzym liefert in einer anaplerotischen Reaktion α-Ketoglutarat für den Citratzyklus.
  Um den Grad der Einzelzellschädigung einer Lebererkrankung zu bestimmen, wird die GLDH-Aktivität zu den Aktivitäten von **Aspartat-Aminotransferase** (AST, alte Bezeichnung GOT) und **Alanin-Aminotransferase** (ALT, alte Bezeichnung GPT) ins Verhältnis gesetzt ❹. Während die AST und die ALT teilweise oder ganz aus der Zellflüssigkeit der Leberzelle stammen, kommt die GLDH nur aus den Mitochondrien. Der Anteil an AST und ALT ist schon bei leichteren Leberschäden erhöht, während die GLDH im Blut erst ansteigt, wenn nicht nur die Leberzellen zerstört sind, sondern auch deren Mitochondrien sich bereits im Abbau befinden.
  Die GLDH-Aktivität wird spektrometrisch bestimmt: Als Messgrösse dient die Abnahme der NADH-Konzentration bei der Umwandlung von α-Ketoglutarat und NH_4^+ in Glutamat und H_2O ❺.

VITAMIN B1-MANGEL |

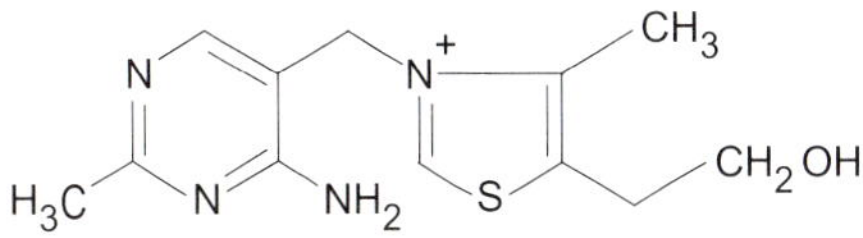

Vitamin B_1

1 Pyruvat-Dehydrogenase

Pyruvat-Dehydrogenase-Reaktion

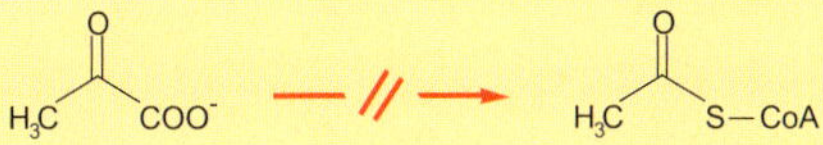

Pyruvat → Acetyl-CoA

2 α-Ketoglutarat-Dehydrogenase

Citrat-Zyklus

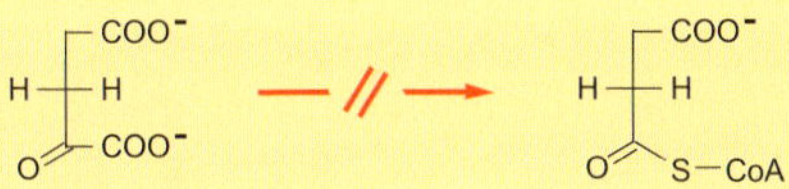

α-Ketoglutarat → Succinyl-CoA

3 Transketolase

Pentosephosphatweg

Xylulose-5-phosphat + Ribose-5-phosphat —//→ Sedoheptulose-7-phosphat + Glyceral-3-phosphat

BEURTEILUNG VON LEBERERKRANKUNGEN |

Grad der Einzelzellschädigung

4

$$Q = \frac{AST + ALT}{GLDH}$$

GLDH = Glutamat-Dehydrogenase
AST = Aspartat-Aminotransferase
ALT = Alanin-Aminotransferase

Q↑ ≙ geringer relativer GLDH-Anstieg: Zellschädigung gering
Q↓ ≙ hoher relativer GLDH-Anstieg: Zellschädigung hoch

Nachweis der GLDH **5**

$$\alpha\text{-Ketoglutarat} + NH_4^+ + NADH \xrightleftharpoons{GLDH} \text{Glutamat} + NAD^+ + H_2O$$

Aktivität GLHD ~ Abnahme NADH + H^+ (spektroskopische Messung)

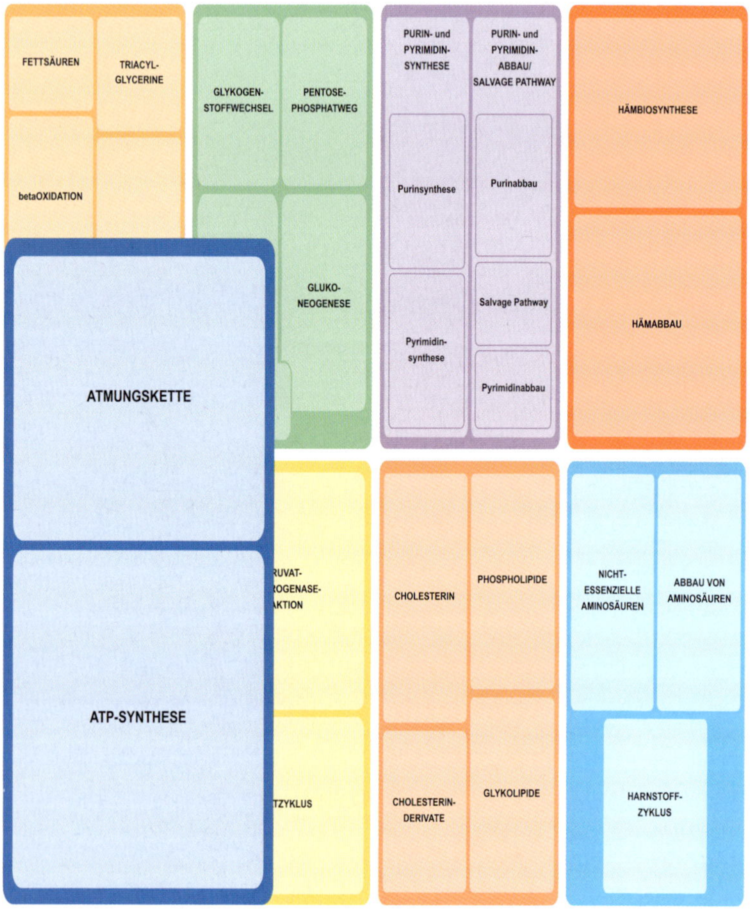
FETTSÄUREN
TRIACYL-GLYCERINE
betaOXIDATION
GLYKOGEN-STOFFWECHSEL
PENTOSE-PHOSPHATWEG
GLUKO-NEOGENESE
PURIN- und PYRIMIDIN-SYNTHESE
Purinsynthese
Pyrimidin-synthese
PURIN- und PYRIMIDIN-ABBAU/ SALVAGE PATHWAY
Purinabbau
Salvage Pathway
Pyrimidinabbau
HÄMBIOSYNTHESE
HÄMABBAU
ATMUNGSKETTE
ATP-SYNTHESE
CHOLESTERIN
PHOSPHOLIPIDE
CHOLESTERIN-DERIVATE
GLYKOLIPIDE
NICHT-ESSENZIELLE AMINOSÄUREN
ABBAU VON AMINOSÄUREN
HARNSTOFF-ZYKLUS

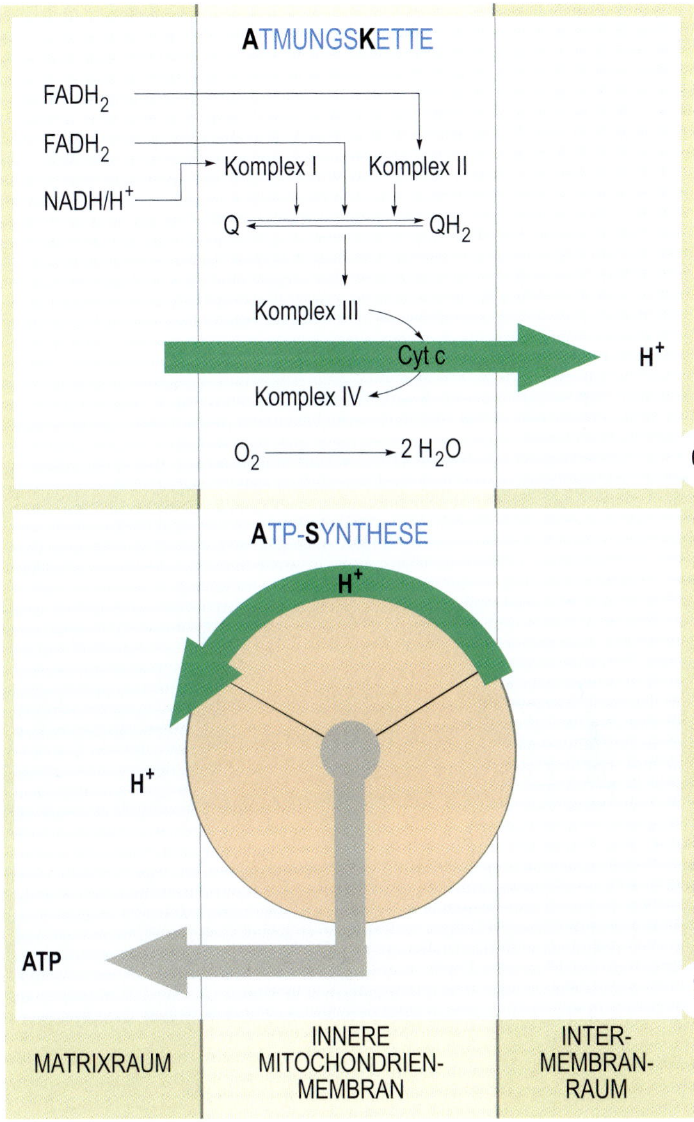
ATMUNGSKETTE
FADH2
FADH2
NADH/H+
Komplex I
Komplex II
Q
QH2
Komplex III
Cyt c
Komplex IV
H+
O2
2 H2O
ATP-SYNTHESE
H+
H+
ATP
MATRIXRAUM
INNERE MITOCHONDRIEN-MEMBRAN
INTER-MEMBRAN-RAUM

68

72

Aus der Nahrung gewonnene Energieäquivalente stehen dem Körper in Form von ATP zur Verfügung. Die Mitochondrien sind maßgeblich an dieser Energieversorgung des Körpers beteiligt. Nach der Glykolyse und dem Citratzyklus mündet der Hauptweg der Energiegewinnung in die **oxidative Phosphorylierung**. Diese Abfolge von Redoxreaktionen findet in und an der inneren Mitochondrienmembran statt und teilt sich in die **Atmungskette** (Wasserstoff- bzw. Elektronentransport) und die **ATP-Synthese** auf.
Die Reduktionsäquivalente **$NADH/H^+$** oder **$FADH_2$**, die im Verlauf der Stoffwechselreaktionen im Organismus gebildet werden, können hier in die Energieeinheit **ATP** umgewandelt werden. In der Atmungskette finden zwei Prozesse gleichzeitig statt:

1. Die Übertragung von Elektronen aus den Reduktionsäquivalenten auf Sauerstoff, der zu Wasser reduziert wird.
2. Der Aufbau des Protonengradienten über die innere Mitochondrien-Membran, der später zur ATP-Synthese genutzt wird.

D.h. Elektronen und Protonen werden gemeinsam transportiert.

- An der Atmungskette sind **vier Enzymkomplexe** beteiligt: Die NADH-Dehydrogenase (Komplex I) ❶, die Succinat-Dehydrogenase (Komplex II) ❷, die Cytochrom-c-Reduktase (Komplex III) ❸ und die Cytochrom-c-Oxidase (Komplex IV) ❹. Daran schließt sich die eigentliche ATP-Synthese an. Der Schlüssel zur ATP-Herstellung ist ein **Protonengradient** ❺, der von den Komplexen I, III und IV aufgebaut wird. Diese Komplexe wirken als Protonenpumpen und transportieren Protonen aus der Matrix des Mitochondriums in den Intermembranraum des Mitochondriums. So ergibt sich ein Unterschied im elektrochemischen Potenzial zwischen Außen- und Innenseite der inneren Mitochondrienmembran. Die Energie dieses Protonengradienten wird zur Synthese von ATP aus ADP und organischem Phosphat durch die ATP-Synthase genutzt.

- **Komplex I** ist der größte Enzymkomplex der Atmungskette. Er ist für die Übertragung der Wasserstoffatome aus $NADH/H^+$ auf Ubichinon (Coenzym Q) zuständig. Dazu enthält er als Coenzym ein Flavinmononukleotid (FMN), das Wasserstoff und Elektronen aus $NADH/H^+$ übernimmt und Ubichinon zu Ubichinol reduziert. Außerdem enthält er Eisen-Schwefel-Komplexe zum Zwischenspeichern der Elektronen. Während der Reaktion werden 4 Protonen in den Intermembranraum transportiert.

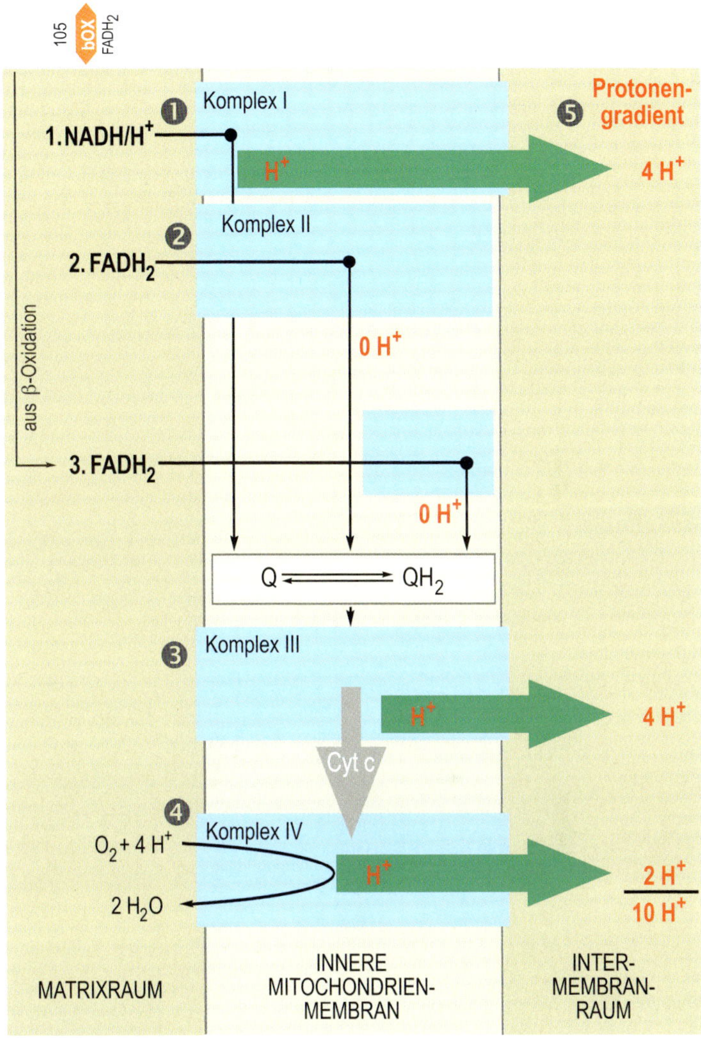

[Q] Ubichinon
[QH_2] Ubihydrochinon

[Cyt c] Cytochrom c

- **Komplex II** ❶ ist die Succinat-Dehydrogenase des Citratzyklus. Sie übernimmt Elektronen von $FADH_2$. Im Unterschied zu Komplex I enthält sie ein an eine Untereinheit kovalent gebundenes $FADH_2$, das im Citratzyklus regeneriert wird. Eine weitere Untereinheit des Enzyms besitzt drei Eisen-Schwefel-Komplexe, die am Transfer der Wasserstoffatome zum Ubichinon beteiligt sind. Komplex II reduziert Ubichinon, ohne Protonen durch die Mitochondrienmembran zu pumpen.

- Die Reduktionsäquivalente $NADH/H^+$ und $FADH_2$ aus dem Citratzyklus geben ihre Wasserstoffatome wie beschrieben an die Eingangskomplexe I und II der Atmungskette ab. Für $FADH_2$-Moleküle aus der β-Oxidation (→ S. 104) gibt es einen Sonderweg. Unter Umgehung der Eingangskomplexe I und II überträgt das **Elektronentransferierende Flavoprotein** (ETF) ❷ Wasserstoffatome direkt auf Ubichinon.

- **Ubichinon** (Q) dient als Sammelstelle für Wasserstoffatome aus allen Stoffwechselwegen und wird dabei stufenweise zu Ubichinol (QH_2) ❸ reduziert. Von Ubichinol aus werden anstelle der Wasserstoffatome nur noch Elektronen weitergereicht.

- **Komplex III** ❹, die Cytochrom-c-Reduktase, nimmt Elektronen aus Ubichinol einzeln auf. Dazu wird ein Eisen-Schwefel-Komplex mit einem Elektron beladen, das schließlich auf Cytochrom c_1 übergeht. Zuletzt wird das dreiwertige Eisen im Häm von Cytochrom c reduziert ❺.

- **Cytochrom c** löst sich nach der Reduktion von Komplex III ab und wandert an der Außenseite der inneren Mitochondrienmembran zu Cytochrom-c-Oxidase (**Komplex IV**) ❻. Dort wird unter Beteiligung von Kupferkomplexen (Cu_A, Cu_B) und Häm-Gruppen (Häm a bzw. Häm a_3) als Elektronenspeicher Sauerstoff aus dem Matrixraum zu Wasser reduziert ❼. Cytochrom c wird im Verlauf der Reaktion regeneriert und kann an Komplex III wieder Elektronen aufnehmen.

- Die Komplexe III und IV transportieren insgesamt 6 Protonen vom Matrixraum zur zytoplasmatischen Seite der inneren Mitochondrienmembran. Die ATP-Synthase nutzt diesen Protonengradienten zur Phosphorylierung von ADP. Dazu pumpt sie die Protonen wieder zurück in den Matrixraum.

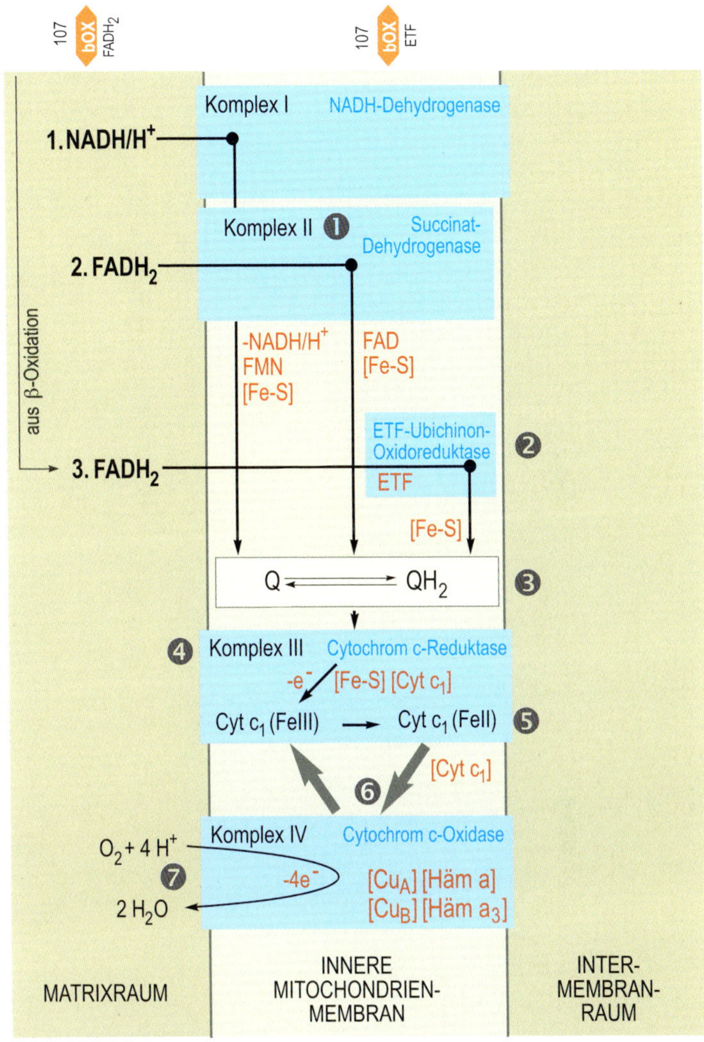

FMN	Flavinmononukleotid	[Häm a]	Hämoglobinzentrum a
ETF	Elektronen Transferierendes Flavoprotein	[Häm a_3]	Hämoglobinzentrum a_3
[Fe-S]	Eisen-Schwefel-Komplex	[Cu_A]	Kupferzentrum A
[Cyt c]	Cytochrom c	[Cu_B]	Kupferzentrum B
[Cyt c_1]	Cytochrom c_1		

Oxidative Phosphorylierung

Nachdem die Reduktionsäquivalente ihren Wasserstoff abgegeben und die Elektronen die Redoxprozesse durchlaufen haben, kommen wir zum eigentlichen Ziel der oxidativen Phosphorylierung, der **ATP-Synthese** durch die ATP-Synthase.

- Die **ATP-Synthase** besitzt zwei Struktureinheiten, den **F_1-Teil** ❶ auf der Matrix-Seite der Mitochondrienmembran und den **F_0-Teil** ❷ (besitzt eine Bindungsstelle für den Hemmstoff **Oligomycin**) in der Membran mit einer Verbindung zum Zytoplasma. Der F_1-Teil führt die Phosphorylierung von ADP zu ATP durch ❸, der F_0-Teil ist für den regulierten Transport von Protonen zurück ins Mitochondrium zuständig ❹. Beide Funktionseinheiten sind für die ATP-Synthese aus ADP und freien Phosphat-Ionen (anorganisches Phosphat, Pa) notwendig.

i **Energiebilanz des Glukoseabbaus**

Als Endergebnis entstehen aus einem Glukosemolekül, das in die Glykolyse eingetreten ist, 32 Moleküle ATP. Diese Zahl ergibt sich, wenn man pro Molekül $NADH/H^+$ 2,5 Moleküle ATP bzw. pro Molekül $FADH_2$ 1,5 Moleküle ATP als Reaktionsergebnis einrechnet.

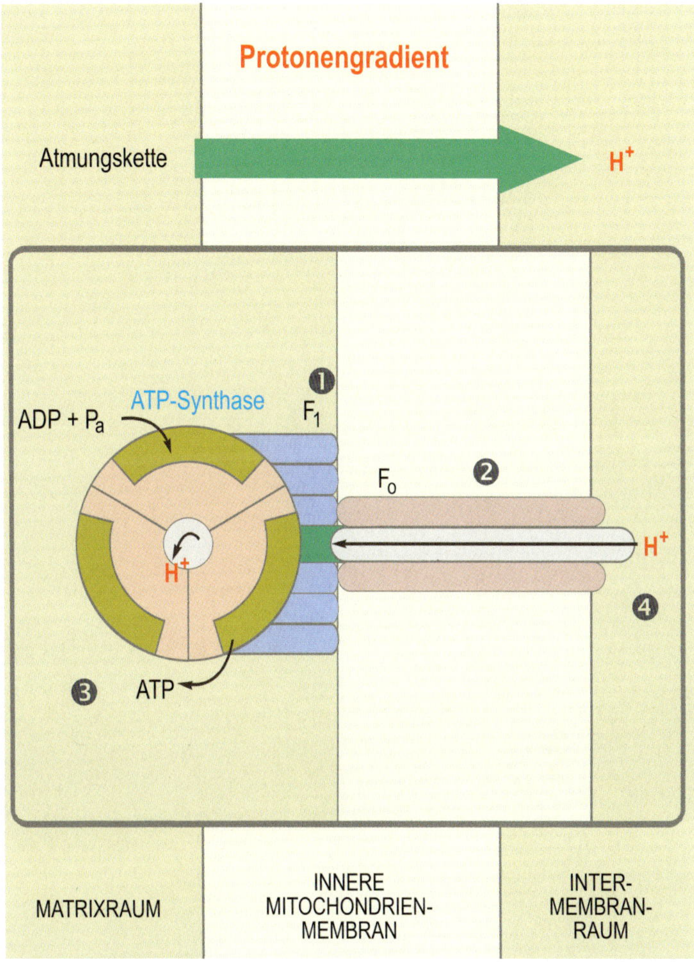

Protonengradient und ATP-Äquivalent

NADH/H^+ ≙ 10 transportierte H^+ liefern 2,5 ATP
$FADH_2$ ≙ 6 transportierte H^+ liefern 1,5 ATP

ATP-Synthase besteht aus zwei Teilen:

F_1 = katalytische Einheit
F_0 = Protonenkanal

- **Regulation der Atmungskette**
  Die Regulation der Atmungskette wird direkt durch zwei Stellgrößen bestimmt: den Protonengradienten und das **Verhältnis** von **ADP** zu **ATP**. Nimmt der Protonengradient zu ([H^+] im Intermembranraum ↑) ❶, wird der Elektronentransport der Komplexe I, III und IV gehemmt. In der Folge nimmt die Syntheseleistung der ATP-Synthase ab. Ebenso wirkt eine hohe ATP-Konzentration auf die ATP-Synthese ❷.
  Ein hohes Verhältnis von $NADH/H^+$ zu NAD^+ ❸ hemmt den Citratzyklus. Damit werden weniger Reduktionsäquivalente an die Atmungskette geliefert und es wird weniger ATP gebildet.

- **Malat-Shuttle/Aspartat-Shuttle**
  Der Protonengradient zwischen Matrixraum und Zytoplasma wird auch als Energiereservoir für weitere Transportprozesse genutzt (z. B. Pyruvat-Transport). $NADH/H^+$ aus der Glykolyse im Zytoplasema kann die innere Mitochondrienmembran nicht als solches passieren, um zur Atmungskette zu gelangen. Daher werden Reduktionsäquivalente aus dem Zytoplasma über den **Malat-Aspartat-Zyklus**, oder kurz Malat-Shuttle, ins Mitochondrium befördert.
  Er transportiert im Endeffekt pro Zyklus ein Molekül $NADH/H^+$ durch die Mitochondrienmembran. Dazu reagiert im Zytosol Oxalacetat unter NADH-Verbrauch zu Malat ❹. Malat wird im Austausch gegen α-Ketoglutarat ins Mitochondrium transportiert ❺. In der Mitochondrienmatrix findet dann die Rückreaktion zu Oxalacetat statt ❻. Dabei wird wieder ein Molekül $NADH/H^+$ freigesetzt. Das Oxalacetat reagiert weiter mit Glutamat zu α-Ketoglutarat und Aspartat ❼. Ein Antiporter (Aspartat-Shuttle) transportiert das Aspartat im Austausch gegen Glutamat ins Zytoplasma ❽. Hier enstehen bei der Reaktion von Aspartat mit α-Ketoglutarat wieder Oxalacetat und Glutamat ❾, so dass der Zyklus von Neuem beginnen kann.

Regulation

❶ $[H^+]$ ↑ → e^--Transport ↓ → ATP-Synthese ↓

❸ $\left[\frac{NADH/H^+}{NAD^+}\right]$ ↑ → Citrat-Zyklus ↓ → Atmungskette ↓

❷ $\left[\frac{ATP}{ADP}\right]_{Zelle}$ ↑ → Atmungskette ↓

Malat-Shuttle / Aspartat-Shuttle

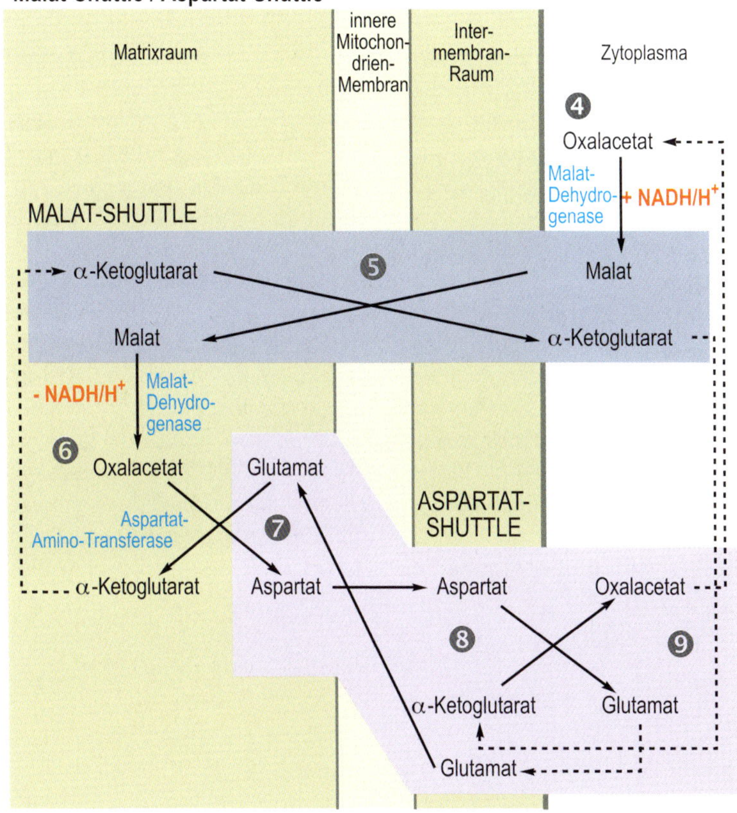

- **Cyanide**

  Die Atmungskette kann durch verschiedene Substanzen blockiert werden. Diese Reaktion führt innerhalb kürzester Zeit zum Tod. Angriffspunkt ist hierbei die **Cytochrom-c-Oxidase** ❶. Prominentes Beispiel sind die Salze der Blausäure. Die so genannten **Cyanide** besitzen in gelöster Form ein großes Bestreben, sich an Metallionen anzulagern (Komplexierung). Dadurch wird der Elektronentransport in der Cytochrom-c-Oxidase blockiert und die Atmungskette ist unterbrochen. Sauerstoff kann nicht mehr zu H_2O reduziert werden. Bereits mit Sauerstoff beladene Hämoglobinmoleküle können diesen nicht mehr abgeben und es kommt trotz ausreichender Sauerstoffbeladung des Hämoglobins zum inneren Ersticken.

  Eine **Cyanidvergiftung** ist nach oraler Einnahme durch den Geruch nach **Bittermandeln** feststellbar. Dieser wird durch die im Magen entstehende leicht flüchtige Blausäure hervorgerufen. Die Vergiftung kann auch über die Atemwege (Einatmen) oder durch Aufnahme über die Haut erfolgen. Neben dem typischen Bittermandelgeruch ist das rosige Aussehen des Patienten ein wegweisendes Symptom. Das venöse Blut ist hellrot (oxygeniertes Hämoglobin).

  Das Ziel der Notversorgung ist das Abfangen der Cyanid-Ionen in einem stabileren Komplex oder die Umwandlung in ein ungiftiges Zwischenprodukt. Eine Möglichkeit ist die Erzeugung von **Methämoglobin** ❷ mittels 4-Dimethylamino-Phenol (4-DMAP) ❸. Methämoglobin enthält dreiwertiges Eisen und ist in der Lage, Cyanid-Ionen zu binden.

  Ein anderer Ansatzpunkt ist die Reaktion von Thiosulfat ($S_2O_3^{2-}$) mit Cyanid zu ungiftigem Thiocyanat (Rhodanid, SCN^-) ❹. In dieser Form kann das Cyanidion über die Nieren ausgeschieden werden. Eine ähnliche Reaktion findet auch durch die körpereigene Rhodanase statt, jedoch ist hier die Eliminationsrate im Falle einer akuten Vergiftung zu gering.

WIRKUNG VON CYANIDEN I

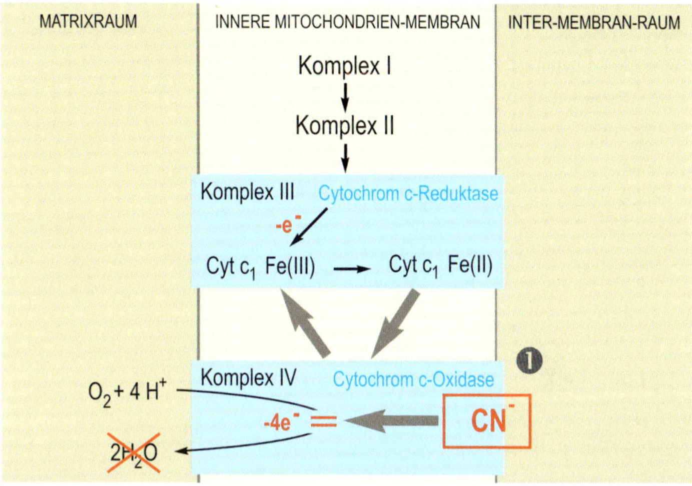

CYANIDE MASSNAHMEN I

Methämoglobinbildung

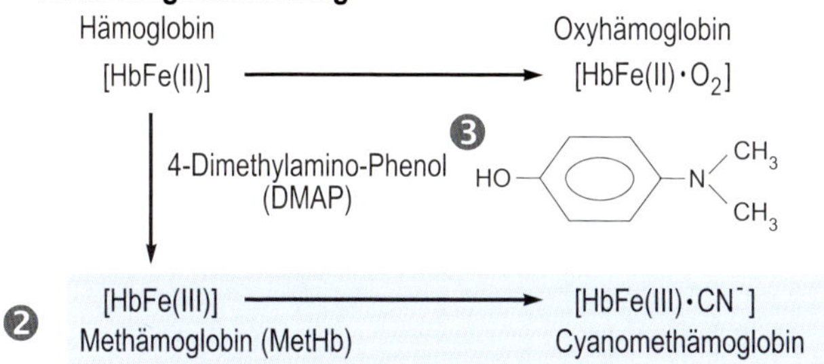

30-40 % MetHb → reduzierter O_2-Transport
Bei gleichzeitiger CO-Vergiftung ist DMAP schädlich

Rhodanidbildung durch Thiosulfat

$$CN^- + S_2O_3^{2-} \xrightarrow{❹} SCN^- + SO_3^{2-}$$

SCN^- ↓ Entgiftung über die Niere

- **Entkopplung (Braunes Fettgewebe)**
  Normalerweise wird der **Protonengradient** in der Atmungskette zur ATP-Produktion genutzt, es ist aber auch möglich, ihn zur **Wärmegewinnung** einzusetzen. Im braunen Fettgewebe, das in großem Ausmaß nur bei Neugeborenen und winterschlafenden Tieren vorkommt, kann die Atmungskette von der oxidativen Phosphorylierung abgekoppelt werden. Der Name des Fettgewebes rührt von der dunklen Färbung her, die durch den hohen Gehalt an Mitochondrien (Cytochrome) hervorgerufen wird. Die kontrollierte Entkopplung wird durch das Protein **Thermogenin** ermöglicht. Es durchspannt die innere Mitochondrienmembran und ist in der Lage, Protonen ohne die ATP-Synthase wieder ins Mitochondrium zurückfließen zu lassen. Dieser Vorgang erzeugt Wärme, die zur Aufrechterhaltung der Körpertemperatur genutzt wird.

- **Kohlenmonoxid**

Kohlenmonoxid (CO) ist in der Lage, besonders feste Komplexe mit zweiwertigen Eisen-Ionen einzugehen. Seine Affinität zum Hämoglobin ist 200 bis 250-mal stärker als die des Sauerstoffs. Bei Vergiftungen verdrängt CO den Sauerstoff aus der Hämoglobinbindung (Hypoxie). Gleichzeitig wird auch die **Cytochrom-c-Oxidase** gehemmt (Störung der mitochondrialen Atmungskette). Im Gegensatz zu den Cyaniden wird durch Kohlenmonoxid der Sauerstofftransport im Blut und damit die Bindung an Hämoglobin unterbrochen. Die Farbe des Blutes ist dunkelrot (deoxygeniertes Hämoglobin), es besteht Sauerstoff-Mangel. Die Blockade ist jedoch reversibel. Durch rechtzeitige Behandlung mit Sauerstoff im Überdruck kann das Kohlenmonoxid wieder aus dem Eisenkomplex verdrängt werden.

i Funktionsverlust der Enzyme der oxidativen Phosphorylierung, aber auch der Enzyme des Citratzyklus sowie von mitochondrialen Transportsystemen, welche die Versorgung der Atmungskette mit Substrat gewährleisten, bezeichnet man als **mitochondriale Zytopathien** (Mitochondriopathien). Meist sind sie die Folge von Mutationen des mitochondrialen Genoms. Daraus resultieren eine große Anzahl heterogener Krankheitsbilder, wobei bevorzugt Gewebe mit hohem Energiestoffwechsel (z. B. Gehirn, Skelettmuskulatur, Herz) betroffen sind.

ENTKOPPLUNG (BRAUNES FETTGEWEBE) I

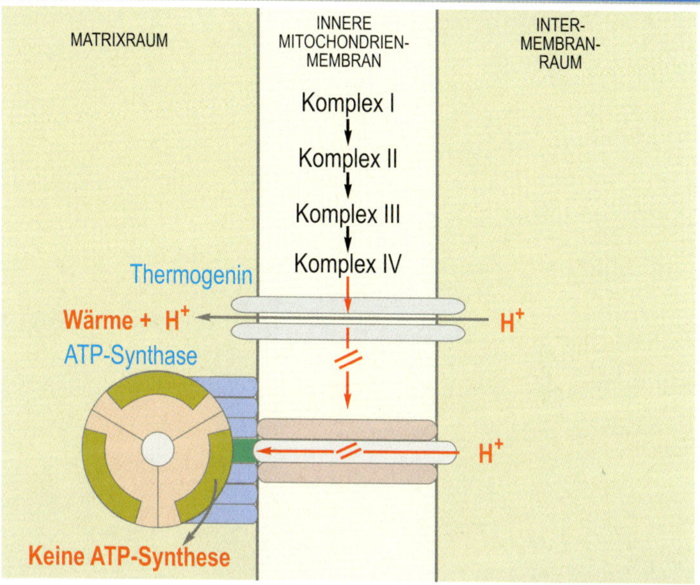

KOHLENMONOXID I

Sauerstofffixierung im Häm

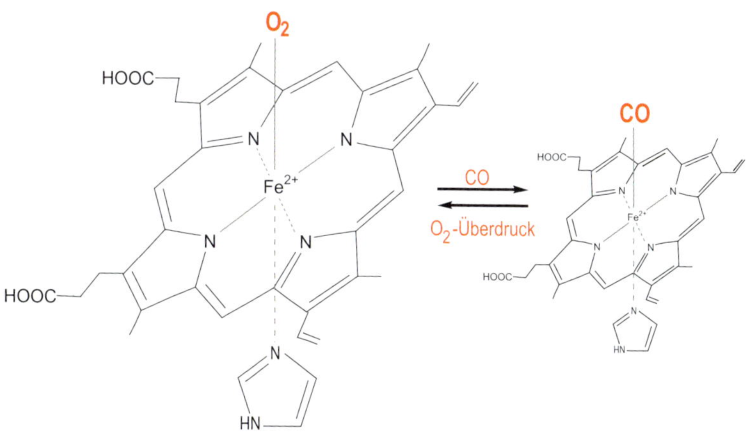

Aminosäurestoffwechsel

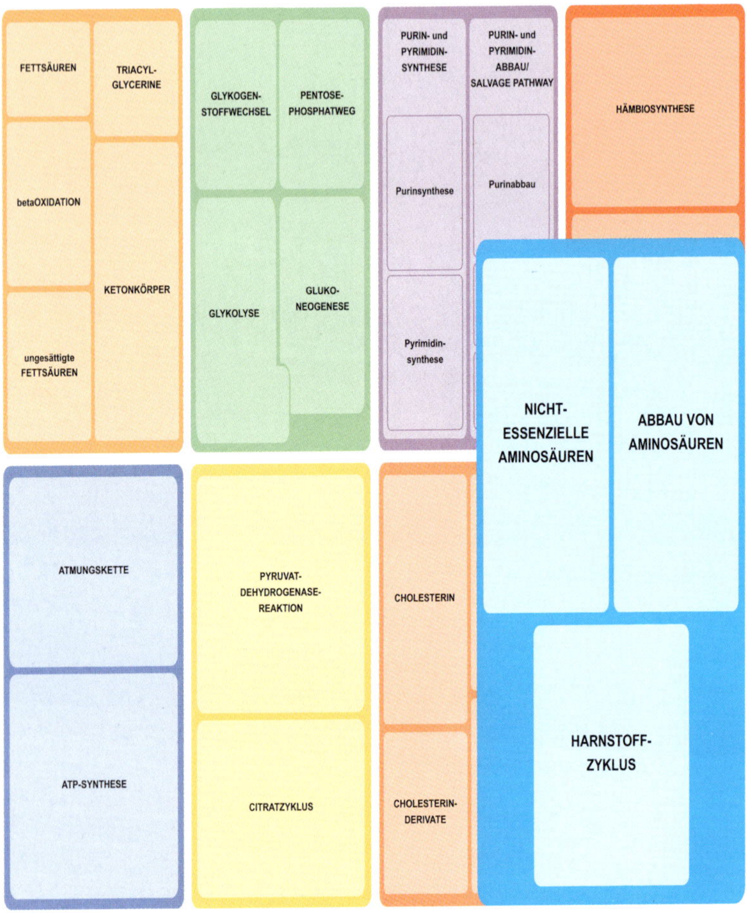

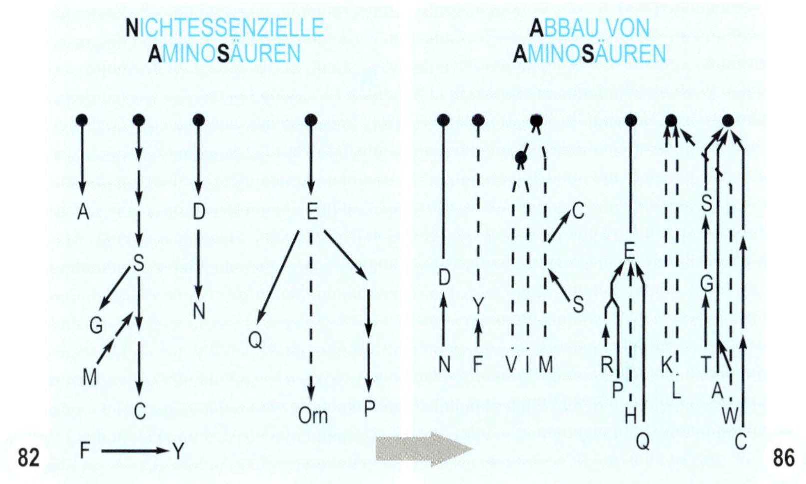

Alanin	Ala	A	Glycin	Gly	G	Phenylalanin	Phe	F
Arginin	Arg	R	Histidin	His	H	Prolin	Pro	P
Asparagin	Asn	N	Isoleucin	Ile	I	Serin	Ser	S
Aspartat	Asp	D	Leucin	Leu	L	Threonin	Thr	T
Cystein	Cys	C	Lysin	Lys	K	Tryptophan	Trp	W
Glutamat	Glu	E	Methionin	Met	M	Tyrosin	Tyr	Y
Glutamin	Gln	Q	Ornithin	Orn		Valin	Val	V

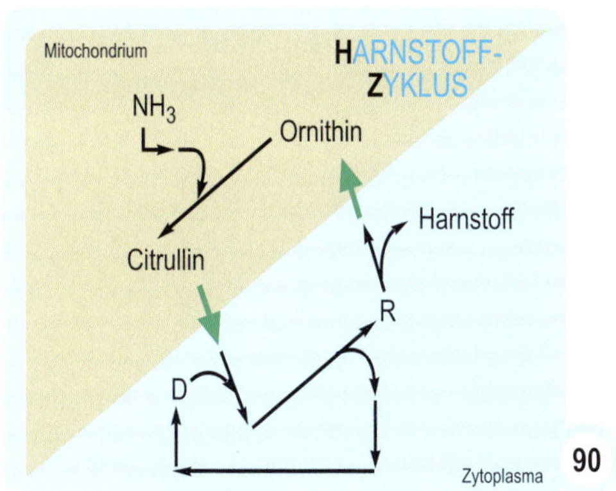

Von den **20 proteinogenen Aminosäuren** sind 9 Aminosäuren für den Menschen essenziell und müssen mit der Nahrung aufgenommen werden. Nur Mikroorganismen und Pflanzen können diese essenziellen Aminosäuren herstellen. Cystein und Tyrosin werden als semiessenziell bezeichnet, da zu ihrer Synthese essenzielle Aminosäuren (Met, Phe) als Vorstufen notwendig sind. Die restlichen 9 Aminosäuren sind nicht essenziell und können vom menschlichen Körper synthetisiert werden. Während für die Biosyntheseprozesse der **nichtessenziellen Aminosäuren** maximal drei Enzyme benötigt werden, erfordert die Biosynthese der **essenziellen Aminosäuren** zwischen 5 (Thr) und 11 (Trp) Enzyme. Offenbar haben sich die höheren Tiere auf die einfacheren Synthesen beschränkt und die aufwändigeren Synthesen ausgelagert. Im Folgenden wird die Biosynthese der nichtessenziellen Aminosäuren behandelt, daran schließen sich die Abbaureaktionen der essenziellen und nichtessenziellen Aminosäuren an.

Aus der Nahrung gelangen die Aminosäuren normalerweise als Polymere, d. h. als Proteine, in den Körper. Bereits im Magen wird mit der Zerlegung der Proteine in Peptide und einzelne Aminosäuren begonnen, doch ist die Verweildauer dort für eine vollständige Zerlegung zu gering. So gelangen kleinere Peptide über Transportsysteme in die Darmepithelzellen (Mukosa) und werden in deren Zytoplasma vollständig in Aminosäuren aufgespalten. Die Mukosazellen geben die Aminosäuren an das Blut ab, mit dem sie zur Weiterverarbeitung abtransportiert werden.

- Eine zentrale Rolle im Aminosäurestoffwechsel spielen **Alanin** ❶, **Aspartat** ❷ und **Glutamat** ❸. Ihr Stoffwechsel ist eng an Zwischenprodukte des Citratzyklus gekoppelt, sie werden nämlich aus ihren entsprechenden α-Ketosäuren **Pyruvat**, **Oxalacetat** und **α-Ketoglutarat** hergestellt und können wieder in diese überführt werden. Dabei handelt es sich um reversible Transaminierungsreaktionen. Glutamat wird in den Mitochondrien aus α-Ketoglutarat und freiem Ammoniak synthetisiert und liefert die notwendigen Aminogruppen für die Biosynthesen von Alanin und Aspartat.

- **Prolin** ❹ als einzige Iminosäure unter den proteinogenen Aminosäuren wird aus **Glutamat** hergestellt. Nach dessen Phosphorylierung entsteht über Glutamatsemialdehyd in drei Stufen Prolin.

Biosynthese nichtessenzieller Aminosäuren

149 HÄB Glycin

31 GL Pyruvat
31 GL 3-Phospho-glycerat
59 CZ Oxal-acetat
59 CZ α-Keto-glutatrat
39 GN Alanin
129 GLI Serin

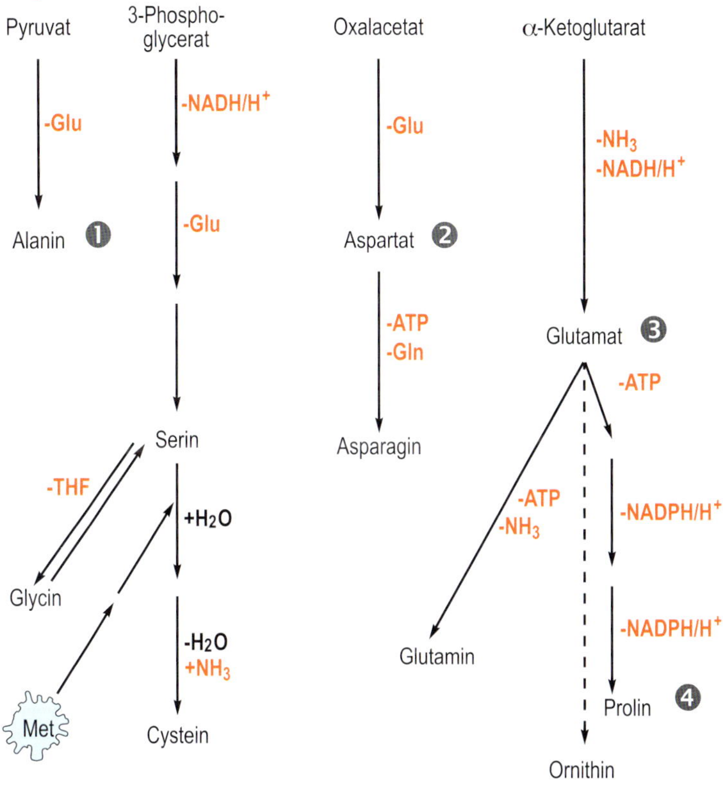

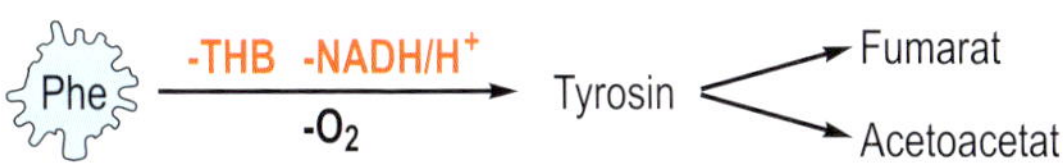

= essenzielle Aminosäuren

Met = Methionin
Phe = Phenylalanin

THB = Tetrahydrobiopterin
THF = Tetrahydrofolat
Glu = Glutamat
Gln = Glutamin

91 HZ Aspartat
91 HZ Ornithin

- Die beiden Carbonsäureamide **Glutamin** ❶ und **Asparagin** ❷ lassen sich aus ihren entsprechenden Säuren (Glu, Asp) herstellen. Die Reaktion der Glutamin-Synthetase, bei der aus Glutamat irreversibel Glutamin entsteht, dient der Stickstofffixierung aus Ammoniak, der aus dem Abbau von Aminosäuren entsteht. Sie trägt damit aktiv zur Ammoniakentgiftung bei. Asparagin entsteht in einer Transaminierungsreaktion, bei der Glutamat seine Aminogruppe an Aspartat abgibt.

- Die Biosynthese des Serins knüpft an ein Zwischenprodukt der Glykolyse an. Ausgehend vom 3-Phosphoglycerat wird in drei Stufen **Serin** ❸ gebildet. Serin selbst dient als Ausgangspunkt für die Synthese von **Glycin** ❹ und **Cystein** ❺. Durch die Abspaltung des Hydroxymethylrestes kann Serin in Glycin überführt werden. Dieser Vorgang ist reversibel, so dass aus Glycin auch Serin hergestellt werden kann. Im Gesamtstoffwechsel geht Serin in die Synthesen von Phospholipiden, Purinen und Cystein ein.

- Die letzte nichtessenzielle Aminosäure **Arginin** wird im Harnstoffzyklus aus **Ornithin** ❻ produziert (→ S. 91). Ornithin gehört zusammen mit **Citrullin** zu den beiden wichtigsten nichtproteinogenen Aminosäuren.

- Die gebildeten Aminosäuren werden zum größten Teil für die Biosynthese von Proteinen benötigt. Aus der DNA-Vorlage im Zellkern werden die mRNA-Bauanleitungen hergestellt, die wiederum an den Ribosomen im Zytoplasma in die Aminosäuresequenz der Proteine übersetzt werden. Die Aminosäuren lagern sich dazu nicht direkt, sondern in Form ihrer tRNAs an die Ribosomen an. Für jede Aminosäure gibt es eine entsprechende Aminoacyl-tRNA.

i Zur Synthese durch Transaminierung bzw. zum Abbau durch Desaminierung wird das Coenzym Pyridoxalphosphat (PALP) benötigt, das an wichtigen Reaktionen im Aminosäure-Stoffwechsel beteiligt ist. Es nimmt die Aminogruppe zunächst auf und überträgt sie dann in einem zweiten Schritt auf einen Reaktionspartner. PALP wird aus Pyroxidal gebildet, das zusammen mit dem Amin Pyridoxamin und dem Alkohol Pyridoxin die Gruppe der Pyridoxinvitamere (Vitamin B_6) bildet.

Biosynthese nichtessenzieller Aminosäuren

149 HÄB Glycin

31 GL Pyruvat
31 GL 3-Phosphoglycerat
59 CZ Oxalacetat
59 CZ α-Ketoglutatrat
39 GN Alanin
129 GLI Serin

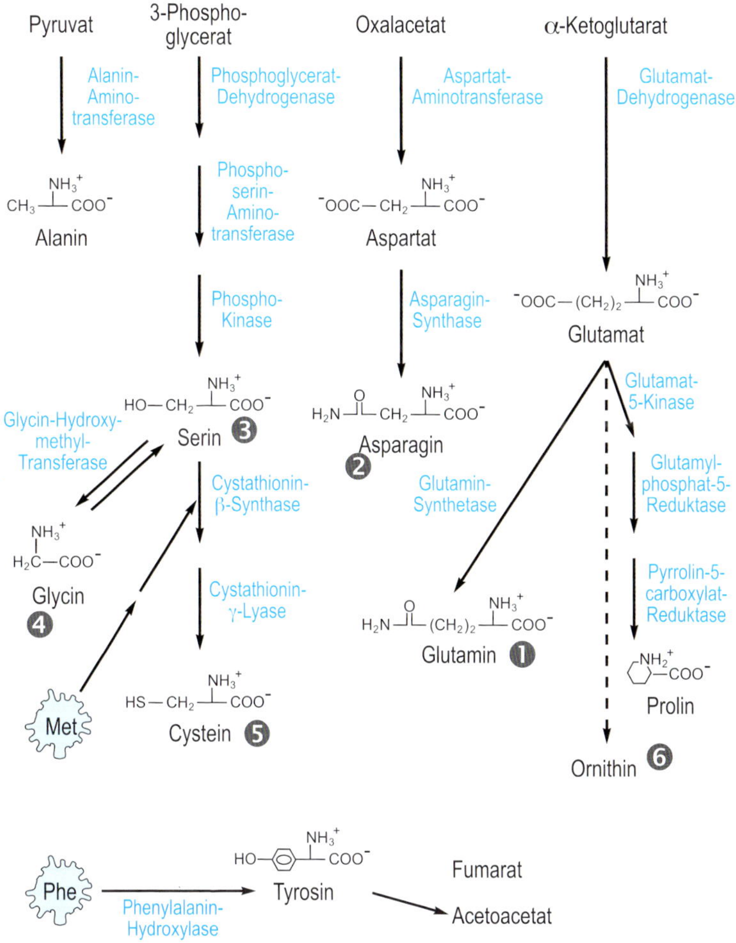

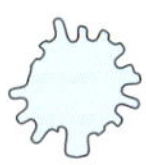
= essenzielle Aminosäuren

Met = Methionin
Phe = Phenylalanin

91 HZ Aspartat
91 HZ Ornithin

Der Abbau einer Aminosäure (AS) beginnt meist mit einer Transaminierungsreaktion. Die Aminogruppe wird auf Glutamat übertragen (Glu zu Gln) und die entsprechende α-Ketosäure (α-KS) gebildet. Der AS-Abbau kann in jeder Zelle durchgeführt werden. Das zentrale Organ in diesem Stoffwechsel ist die Leber. Sie ist für die gleichbleibende AS-Konzentrationen im Blut zuständig und passt die Syntheseleistung dem Bedarf an. Da die meisten Abbauwege mehr oder weniger direkt in den Citratzyklus münden, eignen sich dessen Zwischenprodukte gut zur Charakterisierung der AS nach deren Abbauprodukten. AS, die zur Herstellung von Glukose dienen, bezeichnet man als **glukogene** AS. Solche, deren Abbau Acetyl-CoA und Acetoacetat liefern, werden **ketogen** genannt (Lys, Leu). Manche AS spalten sich sowohl zu ketogenen als auch zu glukogenen Verbindungen auf (Phe, Tyr, Thr, Ile, Trp).

- Oxalacetat ist der Verknüpfungspunkt des Abbaus von **Asparagin** ❶ über **Aspartat** ❷ zum Citratzyklus. Das in einer zweistufigen Reaktion entstehende Oxalacetat dient je nach Stoffwechsellage auch zur Glukoneogenese.

- Der Abbau von **Phenylalanin** ❸ beginnt mit der Synthese von **Tyrosin** ❹. Unter Beteiligung von Sauerstoff und dem Reduktionsmittel Tetrahydrobiopterin (THB) wird durch die Phenylalanin-Hydroxylase eine OH-Gruppe in Phenylalanin eingeführt. Das entstandene Tyrosin dient als Ausgangspunkt zur Synthese der Katecholamine Adrenalin und Noradrenalin sowie der Schilddrüsenhormone Thyronin und Thyroxin. Der weitere Abbau läuft über die entsprechende α-Ketosäure, die unter Beteiligung von Ascorbinsäure (Vit C) zu **Homogentisinsäure** ❺ reagiert. Auf dieser Stufe wird der Benzolring zerlegt und schrittweise bis zu Acetoacetat und **Fumarat** ❻ abgebaut. Für einige Enzyme aus dem Phenylalanin-Abbau sind Gendefekte bekannt, die bestimmte Krankheiten verursachen (→ S. 94/96).

- Succinyl-CoA ❼ ist das Abbauprodukt von Valin, Isoleucin, Threonin und Methionin. Auch sie werden über ihre α-Ketosäuren verstoffwechselt und anschließend decarboxyliert. Beim Abbau von Isoleucin ❽ entsteht außerdem ein Molekül Acetyl-CoA. Isoleucin ist deswegen glukogen und ketogen. Während des Abbaus von Methionin ❾ entstehen der Methylgruppen-Donor S-Adenosylmethionin (S-AdoMet) und die schwefelhaltige AS Cystein. Dazu reagiert das demethylierte Methionin (Homocystein) mit Serin zu Cystathionin, welches in der Folge in Homoserin und Cystein gespalten wird.

39 GN Oxalacetat
59 CZ Oxalacetat
59 CZ Fumarat
59 CZ Succinyl-CoA
115 KK Acetoacetat

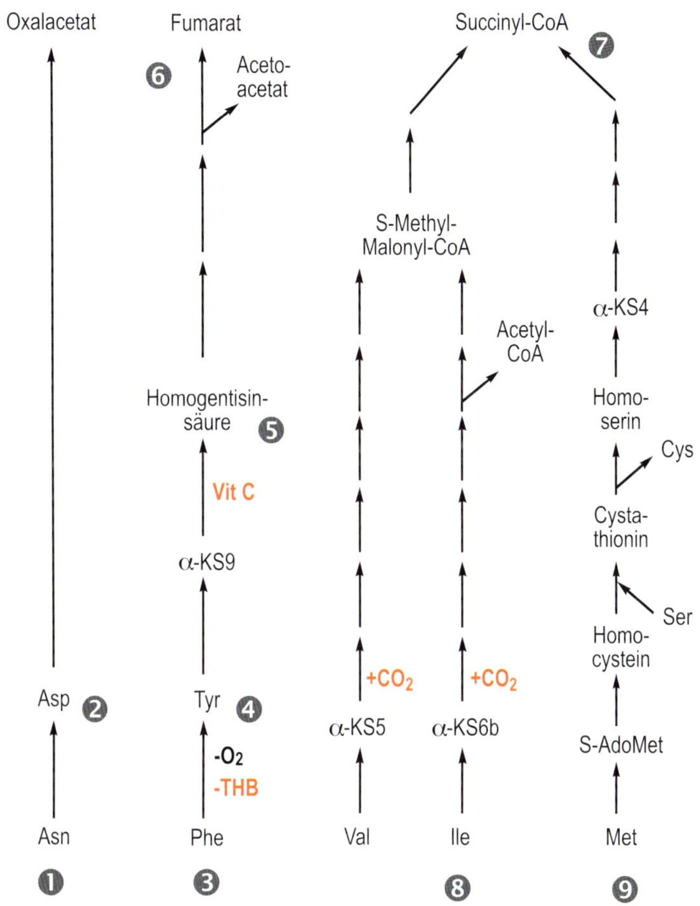

α-KS4 = 2-Oxobutyrat
α-KS5 = 2-Oxoisovalerat
α-KS6b = 2-Oxo-3-Methylvalerat
α-KS9 = 4-Hydroxyphenylpyruvat

THB = Tetrahydrobiopterin
Vit C = Vitamin C = Ascorbinsäure

- Der Abbau von **Arginin**, **Histidin**, **Prolin** und **Glutamin** ❶ führt über **Glutamat** ❷. Die sich anschließende Transaminierung liefert das Zwischenprodukt α-**Ketoglutarat.** Glutamat hat eine zentrale Bedeutung für den Aminosäurestoffwechsel: Zum einen durch seine Vernetzung zum Ammoniakstoffwechsel, zum anderen dient es als Aminogruppen-Donor in Transaminierungsreaktionen.

- **Lysin** und **Leucin** ❸ werden zu Acetyl-CoA abgebaut. Bei Lysin führen mehrere Wege zunächst zur entsprechenden α-Ketosäure. Diese wird in drei Schritten zum Crotonyl-CoA abgebaut und durchläuft dann den Reaktionszyklus der β-Oxidation, welcher beim **Acetyl-CoA** endet. Leucin wird, wie die beiden anderen Aminosäuren mit verzweigten Ketten (Val, Ile), nach der Transaminierung zur α-Ketosäure über einen Dehydrogenasekomplex abgebaut. Ein Gendefekt an diesem Enzym führt zur Ahornsirup-Krankheit (→ S. 96). Vor dem Ende des Stoffwechselweges wird **β-Hydroxy-β-Methylglutaryl-CoA** (β-HMG-CoA) gebildet. Aus β-HMG-CoA entstehen dann Acetoacetat und Acetyl-CoA.

- Pyruvat ist das Abbauprodukt von **Threonin**, **Tryptophan**, **Alanin**, **Serin**, **Glycin** und **Cystein** ❹. Threonin wird in drei Schritten über Glycin und Serin zu Pyruvat abgebaut. Der Abbau von Alanin zu Pyruvat erfolgt in einer einzigen Transaminierungsreaktion, da das Kohlenstoffgerüst identisch ist. Tryptophan wird in mehreren Stufen in α-Ketoadipinsäure zerlegt. Im Verlauf dieser Reaktionen entsteht Alanin als Spaltprodukt, das zu Pyruvat reagiert. Der Rest des Tryptophangerüstes wird in der β-Oxidation zum Acetyl-CoA umgesetzt. Von besonderer Bedeutung ist Tryptophan als Vorstufe des Vitamins Nicotinamid und des Gewebshormons Serotonin.

- Während des Abbaus von **Cystein** werden neben dem Endprodukt Pyruvat auch **Sulfationen** ❺ freigesetzt. Eine proteinreiche Nahrung führt deswegen zu einem niedrigen pH-Wert im Urin.

Abbau der Aminosäuren, Teil II

59
CZ
α-Keto-
glutarat

115
KK
Acetyl-
CoA

59
CZ
Acetyl-
CoA

55
PDR
Pyruvat

115
KK
Aceto-
acetat

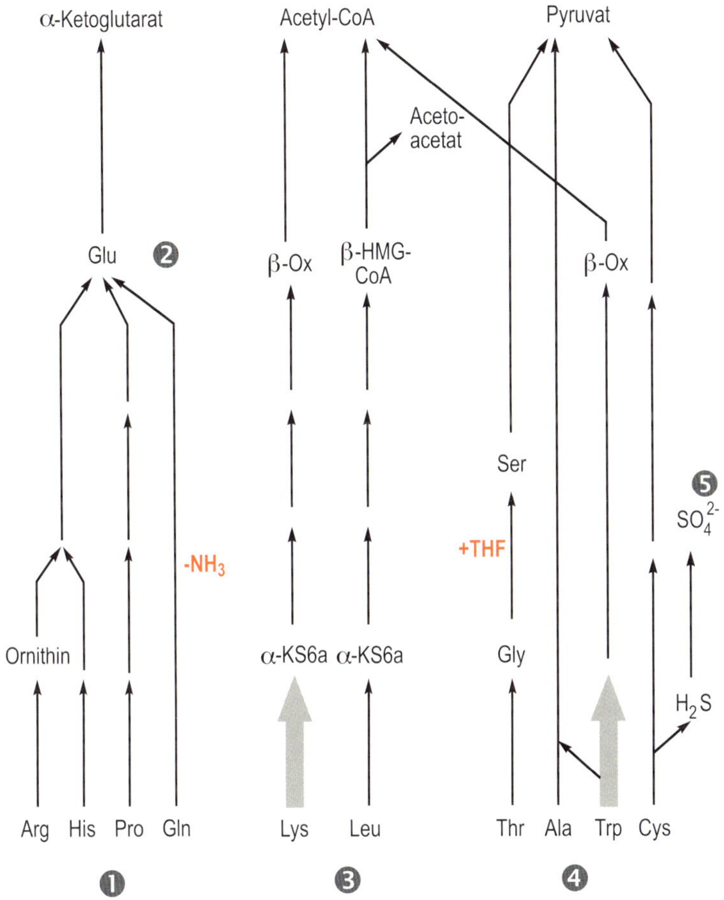

α-KS6a = 2-Oxoadipat

THF = Tetrahydrofolat
β-Ox = β-Oxidation

91
HZ
Ornithin

Beim Abbau der Aminosäuren wird **Ammoniak** (NH_3) freigesetzt, der vom Organismus wegen seiner neurotoxischen Wirkung unmittelbar weiterverarbeitet werden muss. Unter normalen Bedingungen liegt Ammoniak (pKa-Wert 9,1) im Blut (pH 7,4) und in den Zellen (pH 6,0–7,1) zu 99 % protoniert als **Ammoniumion** (NH_4^+) vor. In dieser Form löst er sich gut in wässrigem Milieu, kann aber nicht in Membranen eindringen. Bei einer Erhöhung des Blut-pH-Wertes verschiebt sich die Reaktion von NH_4^+ zu NH_3 zugunsten des freien Ammoniaks. Ammoniak löst sich sehr gut in Membranen und entfaltet darüber seine neurotoxische Wirkung. Ammoniak ist aber nicht nur Zellgift sondern Baustein vieler Biosynthesen (DNA, Purine etc.). Der Organismus höherer Tiere ist daher bestrebt, das hochtoxische freie NH_3 durch konkrete Fixierung zu entgiften. Fische können Ammoniak direkt ausscheiden, Säugetiere bauen ihn in Harnstoff ein und Vögel können ihn noch weiter konzentrieren und scheiden Ammoniak in Form von Harnsäure aus.

- Der **Harnstoffzyklus** ist beim Menschen die Drehscheibe der Ammoniakentgiftung und findet in der Leber statt. Dort sammelt sich **Glutamat** als Endprodukt verschiedener Aminosäureabbauwege an. Im Verlauf von Desaminierungsreaktionen wird daraus in den Mitochondrien Ammoniak freigesetzt. Dieser reagiert als **Ammoniumion** ❶ mit Hydrogencarbonat zu **Carbamoylphosphat** ❷. Zur Synthese von Harnstoff, der zwei Stickstoffatome enthält, muss noch ein weiteres Stickstoffatom in den Reaktionszyklus einfließen. Dieses stammt aus **Aspartat** ❸, das wiederum aus **Glutamat** und **Oxalacetat** ❹ über eine Transaminierung entsteht.

i Der Energieaufwand für die Harnstoffsynthese ist relativ hoch. Es werden drei Moleküle ATP pro Molekül Harnstoff verbraucht. Zwei davon werden in ADP und P_a gespalten, das dritte zu AMP und zwei P_a abgebaut.

83 NAS Aspartat
83 NAS Ornithin
89 AAS Ornithin

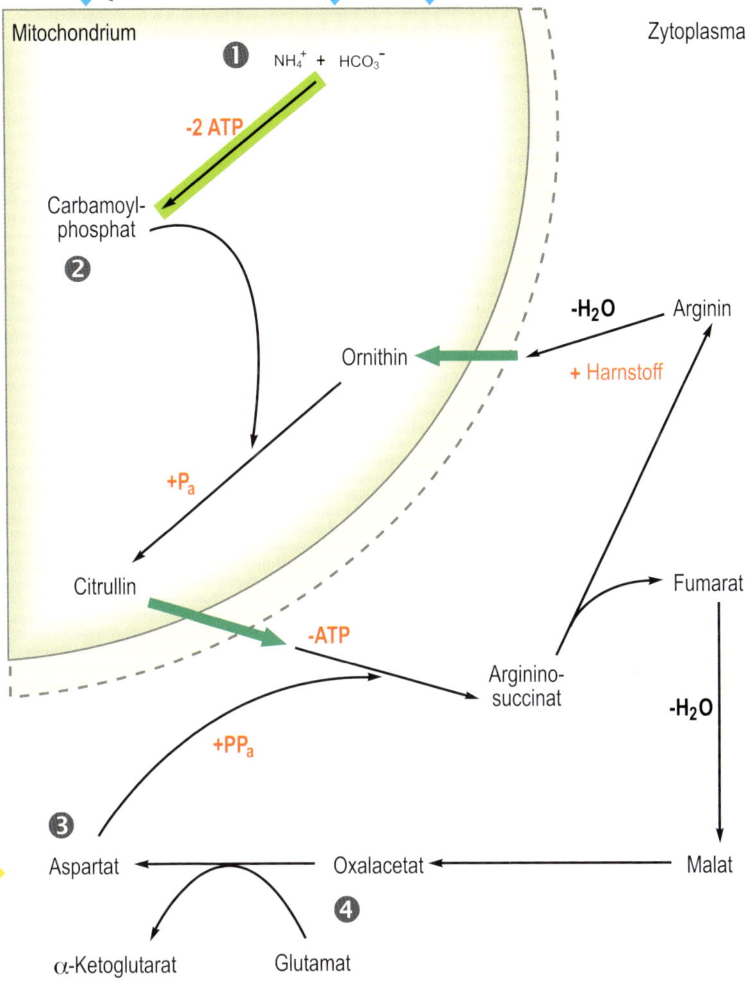

59 CZ Oxal-
acetat

Regulation

- Die nichtproteinogene Aminosäure **Ornithin** ❶ reagiert mit dem aus Glutamat gebildeten Carbamoylphosphat zu **Citrullin** ❷. Citrullin wird aus dem Mitochondrium ins Zytoplasma transportiert und bildet dort zusammen mit Aspartat **Argininosuccinat** ❸. Die Argininosuccinat-Lyase spaltet daraus **Fumarat** ❹ ab, das durch Transaminierung aus Oxalacetat hervorgeht. Es entsteht die proteinogene Aminosäure **Arginin** ❺. Diese kann in die Proteinsynthese einfließen oder durch die Arginase zu Ornithin umgesetzt werden. Dabei wird **Harnstoff** ❻ abgespalten. Sobald das Ornithin über einen aktiven Transport wieder ins Mitochondrium zurückgebracht wird, ist die Reaktionsfolge des Harnstoffzyklus geschlossen.

- An der Harnstoffbiosynthese sind insgesamt **fünf Enzymreaktionen** beteiligt. Zwei davon laufen im Mitochondrium ab und drei im Zytoplasma. Das Schlüsselenzym **Carbamoylphosphat-Synthetase** (CPS) reguliert den Harnstoffzyklus. Bei diesem Enzym unterscheidet man zwei Isoformen. Eine Isoform **CPS I** ❼ arbeitet innerhalb des Mitochondriums im oben erwähnten Harnstoffzyklus. Im Gegensatz dazu ist die zweite Isoform **CPS II** Bestandteil der Pyrimidin-Synthese im Zytoplasma (→ S.138). Außerdem unterscheiden sie sich in der Substratwahl. CPS I setzt Ammoniumionen mit Hydrogencarbonat um und CPS II benötigt Glutamin als Substrat.

- Physiologisch sinnvoll ist die **Harnstoffbiosynthese** an die **Aminosäurenkonzentration** im Portalblut gekoppelt, welches zur Leber fließt. Zwischen der Stickstoffkonzentration im Blutplasma und der Harnstoffsynthese besteht eine annähernd lineare Beziehung. Die CPS I reagiert sehr schnell auf Konzentrationsschwankungen von **N-Acetyl-Glutamat**. Fehlt diese Signalsubstanz wird die CPS I vollständig inaktiviert. Zur Bildung von N-Acetyl-Glutamat bedarf es einer Erhöhung der Glutamatkonzentration im Blut, zu der es bei Proteinzufuhr kommt.

Tab. 7 Regulation der Harnstoffbiosynthese

Carbamoyl-Phospat-Synthetase I	gehemmt durch	aktiviert durch
	Plasmakonzentration Aminosäure-Stickstoff <4,5 mg/100 ml	steigende Plasmakonzentration Aminosäure-Stickstoff
	N-Acetyl-Glutamat ↓	N-Acetyl-Glutamat ↑

83 NAS Aspartat
83 NAS Ornithin
89 AAS Ornithin

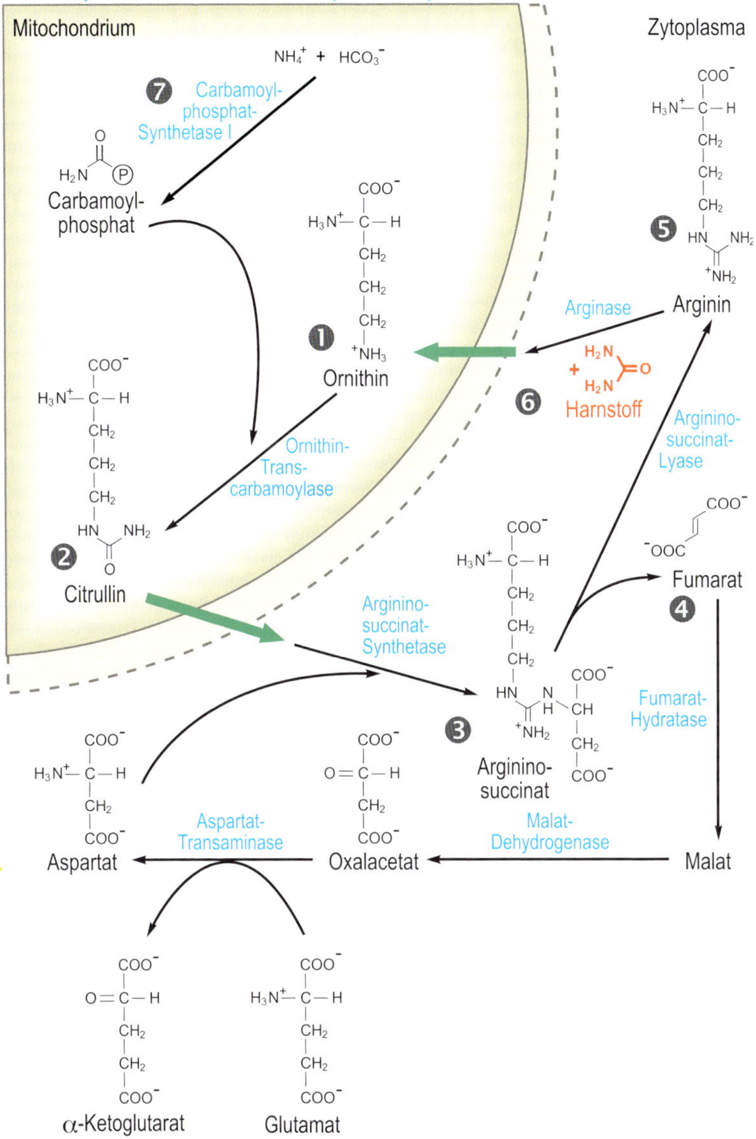

59 CZ Oxal-acetat

- **D-Alanin und Penicillin**
  In **Murein,** einem Bestandteil der Bakterienzellwand, ist **D-Alanin** ❶ enthalten. Üblicherweise werden in höheren Organismen nur L-Aminosäuren verbaut, deswegen ist das D-Alanin für die Bakterienzellwand charakteristisch. Die antibiotische Wirkung des Penicillins ❷ beruht auf der spezifischen Hemmung einer quervernetzenden **Transpeptidase**, die zur Herstellung von Zellwänden mit D-Alanin notwendig ist. Durch die fehlende Zellwand sind die Bakterien nicht mehr lebensfähig.

- **Phenylketonurie**
  Als häufigste genetische Erkrankung im Aminosäurestoffwechsel (autosomal-rezessiv) tritt die **Phenylketonurie** mit einer Häufigkeit von 1:10.000 unter Neugeborenen auf. Das Krankheitsbild lässt sich auf eine Vielzahl von möglichen Mutationen im Gen der **Phenylalanin-Hydroxylase** zurückführen. Die Folge ist eine verminderte oder ausbleibende Synthese der Hydroxylase, so dass Phenylalanin ❸ nicht mehr zu Tyrosin abgebaut werden kann. Tyrosin wird dadurch zur essenziellen Aminosäure. Über alternative Wege reagiert Phenylalanin zu **Phenylpyruvat** ❹ und **Phenylethylamin** ❺. Die Ketocarbonsäure Phenylpyruvat, die der Krankheit ihren Namen gibt, und andere Abbauprodukte lassen sich in Blut und Harn nachweisen. Die Anreicherung in Blut, Gewebe und Liquor bewirkt eine irreversible geistige Retardierung, eine verzögerte körperliche Entwicklung und neurologische Symptome (Krampfanfälle), der nur durch Früherkennung und eine phenylalaninarme Diät entgegengetreten werden kann. Im Guthrie-Test lässt sich über den erhöhten Phenylalaninspiegel im Blut der Defekt ab dem 5. Lebenstag nachweisen.

- **Albinismus**
  Eine Mutation im Gen der **Tyrosinase** bedingt, dass Tyrosin ❻ nicht mehr zu Dopa ❼ bzw. Dopachinon als Zwischenprodukt der **Melaninsynthese** reagieren kann. Dadurch ist die gesamte Melaninsynthese gestört und es kommt zum Krankheitsbild des Albinismus. Auffällige Kennzeichen sind Pigmentmangel in Haut (hellrosafarben), Haaren (weißblond) und Iris (hellblau oder rötlich).

D-ALANIN UND PENICILLIN |

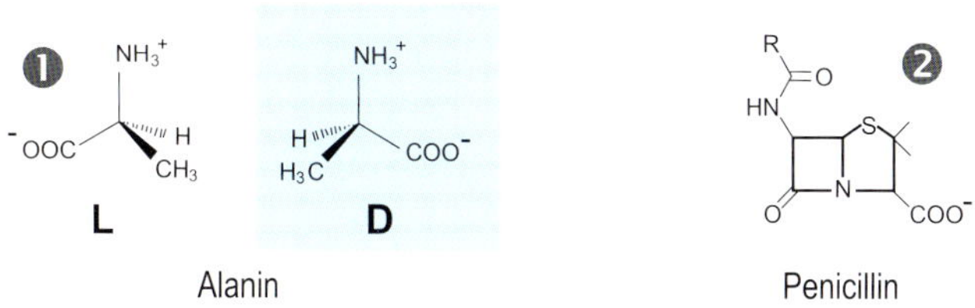

PHENYLKETONURIE |

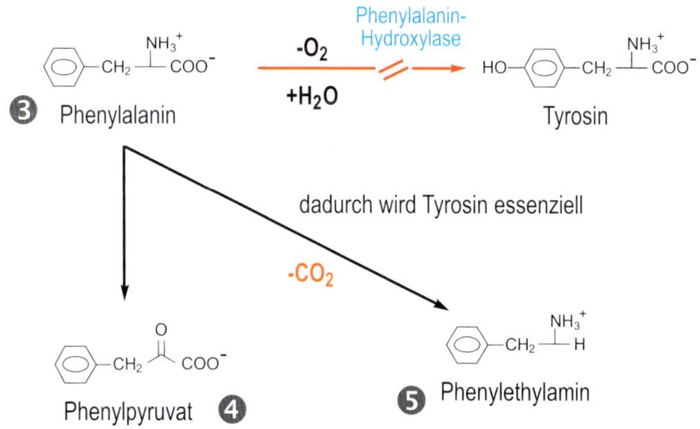

ALBINISMUS |

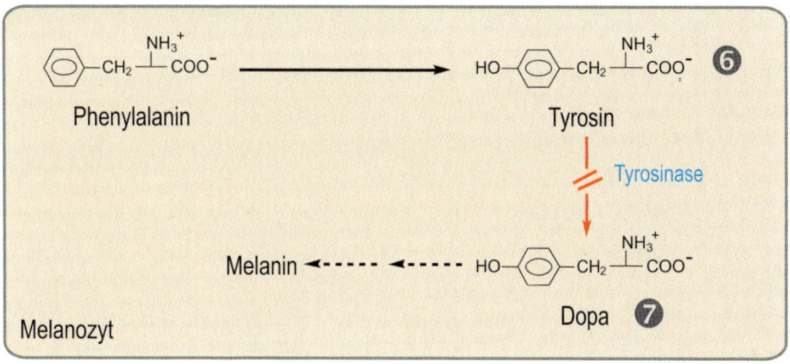

- **Ahornsirupkrankheit (Leucinose)**
  Diese Erkrankung (autosomal-rezessiv) betrifft den Abbau der verzweigten Aminosäuren **Valin** ❶, **Isoleucin** ❷ und **Leucin** ❸. Nach der einleitenden Transaminierung schließt sich normalerweise die Decarboxylierung der jeweiligen α-Ketosäure an. An dieser Reaktion ist ein Multienzymkomplex aus insgesamt drei Enzymen beteiligt: Decarboxylase, Transacetylase und Dehydrogenase. In jedem der Gene dieser drei Enzyme können Defekte vorliegen, was zu einer Aktivitätsänderung des Enzymkomplexes führt. Die daraus resultierende Erkrankung äußert sich in einem starken Geruch des Harns nach Ahornsirup und lässt sich anhand der Aminosäuren und ihrer α-Keto- oder α-Hydroxysäuren in Blut und Urin nachweisen. Es treten Schäden im zentralen Nervensystem und eine Azidose auf, die bereits in den ersten Lebenswochen zum Tod führen kann. Die einzige Therapiemöglichkeit nach rechtzeitiger Erkennung ist eine lebenslange valin-, leucin- und isoleucinarme Diät.

- **Alkaptonurie**
  Auch die Alkaptonurie wird durch eine Störung im Phenylalanin-Stoffwechsel (autosomal-rezessiv) hervorgerufen. Durch einen genetischen Defekt kann **Homogentisinsäure** ❹ nicht mehr zu **Fumarat** und **Acetoacetat** ❺ reagieren. Die Folge sind stark erhöhte Homogentisinsäure-Werte im Urin, der sich durch Luftoxidation schnell schwarz färbt. Durch Pigmentablagerung im Knorpelgewebe (Nase, Ohren, Augen) kommt es auch hier zu einer Schwarzfärbung. Da sonst keine weiteren Beeinträchtigungen bekannt sind, ist die Krankheit als eher harmlos einzustufen.

- **Homocystinurie**
  Homocytinurien kommen bei verschiedenen Stoffwechseldefekten vor. Die häufigste Form ist ein Defekt der **Cystathionin-Synthetase** (autosomal-rezessiv). Ein Mangel an diesem Enzym führt zur Ausscheidung von **Homocystein** ❻ im Urin. Homocystein kann nicht mehr zu **Cystathionin** ❼ und **Cystein** reagieren und reichert sich dadurch in Blutplasma und Urin an. Cystein wird zur essenziellen Aminosäure. Die Folgen des Defekts sind schwere Gefäßendothelschädigung, mentale Retardierung und Arachnodaktylie. Das Krankheitsbild kann durch eine methioninarme und cysteinreiche Diät therapiert werden.

AHORNSIRUPKRANKHEIT |

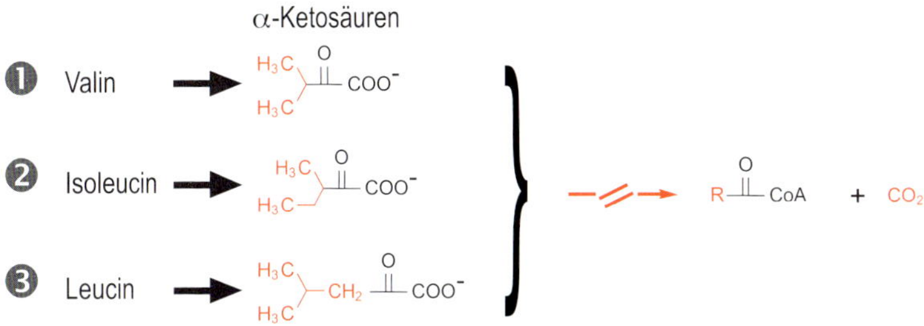

ALKAPTONURIE |

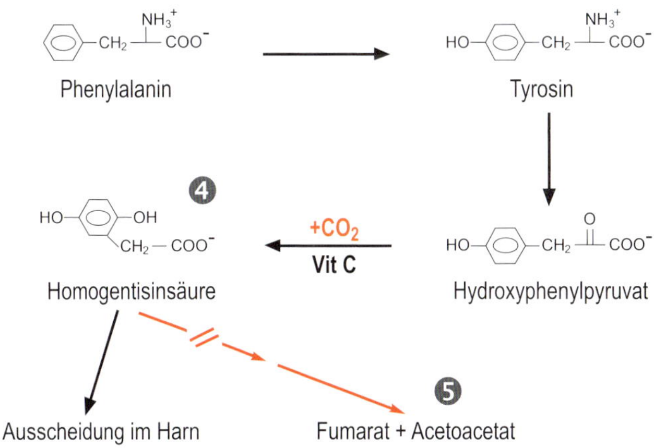

HOMOCYSTINURIE |

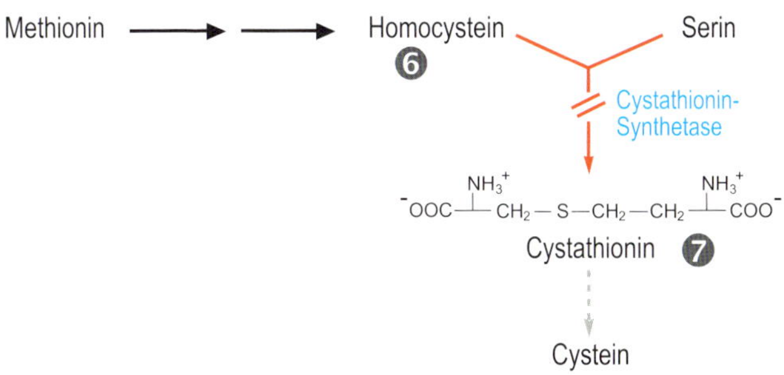

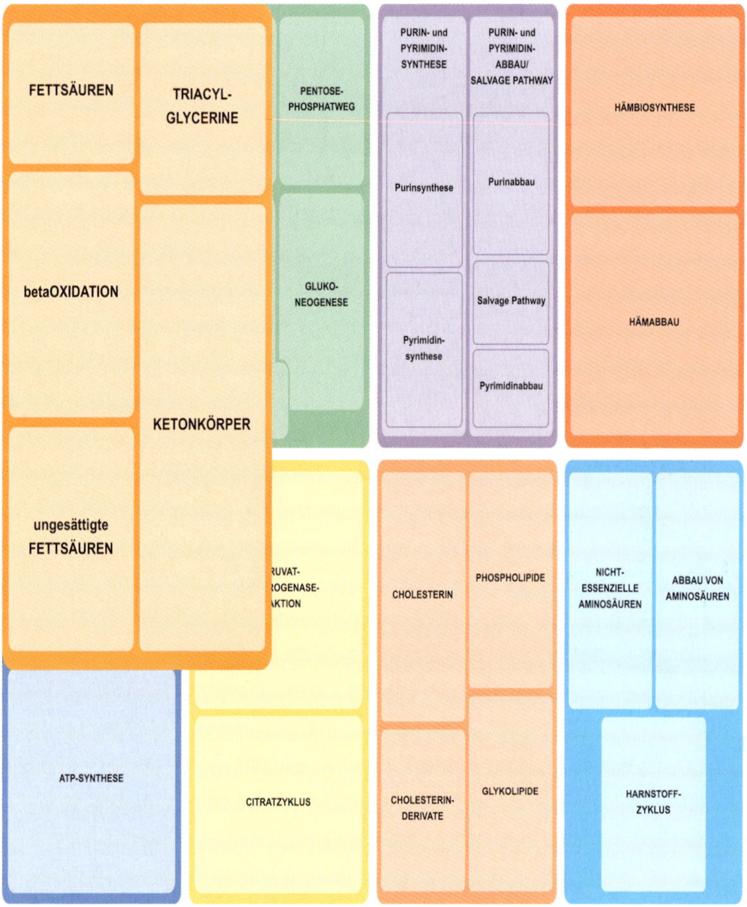
FETTSÄUREN
TRIACYL-GLYCERINE
betaOXIDATION
KETONKÖRPER
ungesättigte FETTSÄUREN
PENTOSE-PHOSPHATWEG
GLUKO-NEOGENESE
PURIN- und PYRIMIDIN-SYNTHESE
PURIN- und PYRIMIDIN-ABBAU/ SALVAGE PATHWAY
Purinsynthese
Pyrimidin-synthese
Purinabbau
Salvage Pathway
Pyrimidinabbau
HÄMBIOSYNTHESE
HÄMABBAU
ATP-SYNTHESE
CITRATZYKLUS
CHOLESTERIN
PHOSPHOLIPIDE
CHOLESTERIN-DERIVATE
GLYKOLIPIDE
NICHT-ESSENZIELLE AMINOSÄUREN
ABBAU VON AMINOSÄUREN
HARNSTOFF-ZYKLUS

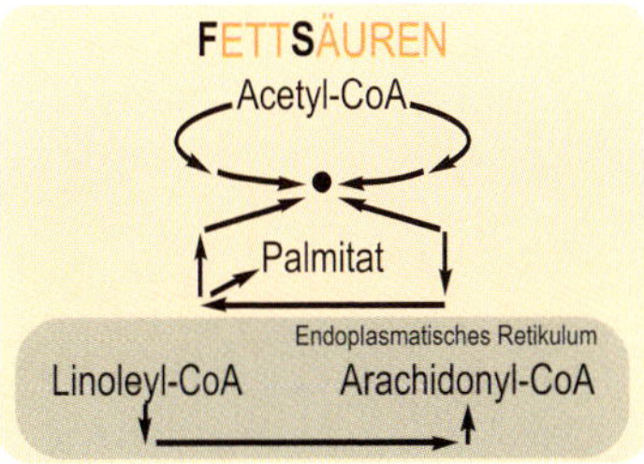

110

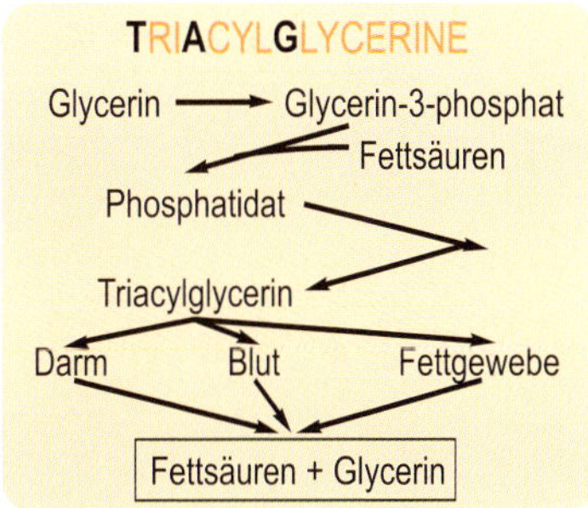

100

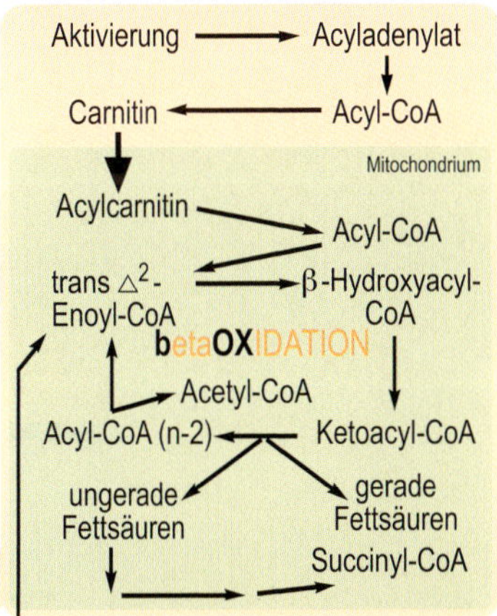

104

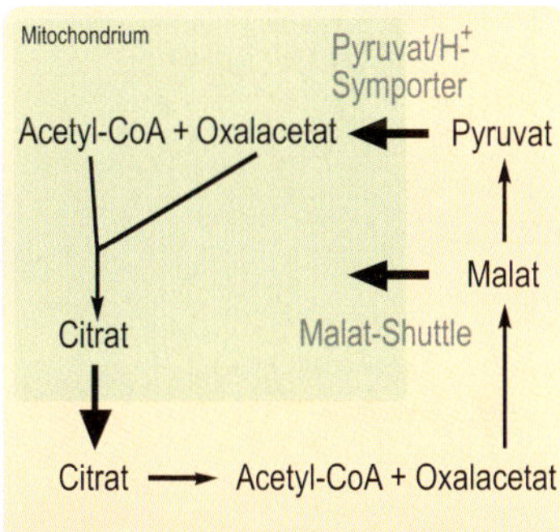

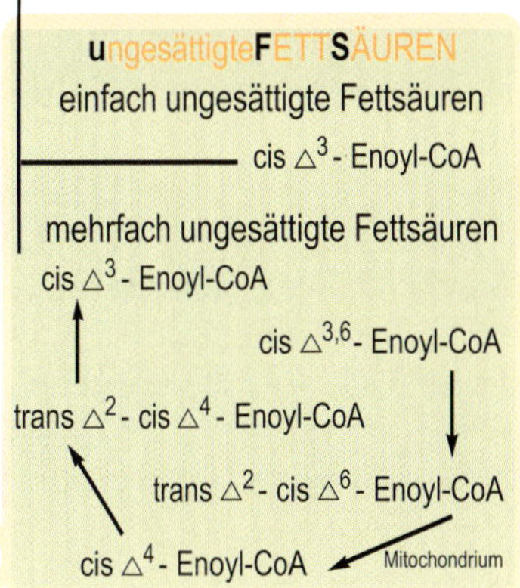

108

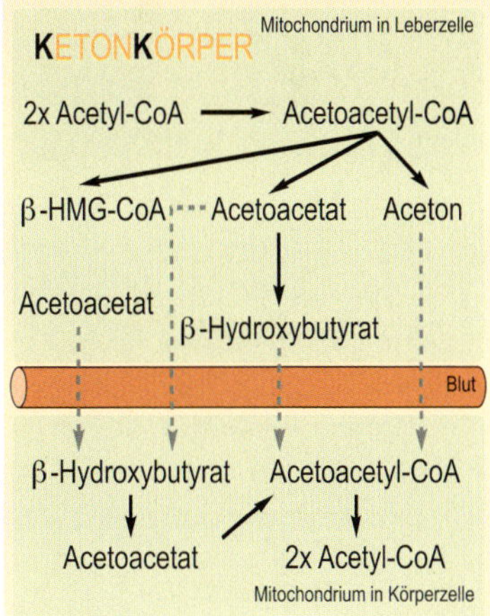

114

Die **Lipide** sind von grundlegender Bedeutung im **Energiestoffwechsel**. Darüber hinaus erfüllen sie auch besondere Aufgaben, etwa als **Membranbausteine** oder **Vitamine**. Im Folgenden wird der Stoffwechsel der Triacylglycerine und der Fettsäuren sowie ihre Rolle im Energiestoffwechsel beschrieben.

- Die Biosynthese der **Triacylglycerine** (TAG), die **Lipogenese**, beginnt mit der Aktivierung der Reaktionspartner Fettsäuren und Glycerin ❶. Die wenig reaktiven Fettsäuren werden in einen reaktionsfreudigen Thioester umgewandelt **(Acyl-CoA)** ❷. Das Glycerin wird durch Phosphorylierung zum **Glycerin-3-phosphat** ❸ aktiviert. Dies geschieht entweder aus dem Vorläufermolekül Glyceron-3-phosphat (→ S. 30) oder direkt aus Glycerin mittels der Glycerokinase.

- Zwei freie Hydroxyl-Gruppen des Glycerins werden mit je einem Acyl-CoA zum **Phosphatidat** ❹ umgesetzt. Das Salz der Phosphatidsäure bildet den Verzweigungspunkt zum Stoffwechsel der Phospholipide (→ S. 126). Nach der Abspaltung des Phosphats erfolgt die Endsynthese zum **Triacylglycerin** ❺. Je nach Zellkompartiment schließen sich unterschiedliche Wege an:
  1. In **Leberzellen** werden die Triacylglycerine in Lipoproteine (VLDL = very low density lipoprotein) verpackt und über das Blut an die Peripherie abgegeben.
  2. **Fettzellen** lagern überschüssige Triacylglycerine als Energiespeicher ein.
  3. In laktierendem **Brustgewebe** geben die Zellen der Milchdrüsen Triacylglycerine direkt in die Muttermilch ab.

- Der Abbau der Triacylglycerine, die **Lipolyse**, unterteilt sich in die Bereiche **Darm** ❻, **Blut** ❼ und **Fettgewebe** ❽. Jeder Bereich hat zu diesem Zweck eigene fettspaltende Enzyme, sogenannte Lipasen. Ein generelles Problem resultiert aus der geringen Löslichkeit der Lipide in wässriger Umgebung. Daher müssen Lipide in irgendeiner Form in Lösung gebracht werden, bevor ein enzymatischer Abbau möglich ist.

Biosynthese und Abbau von Triacylglycerinen

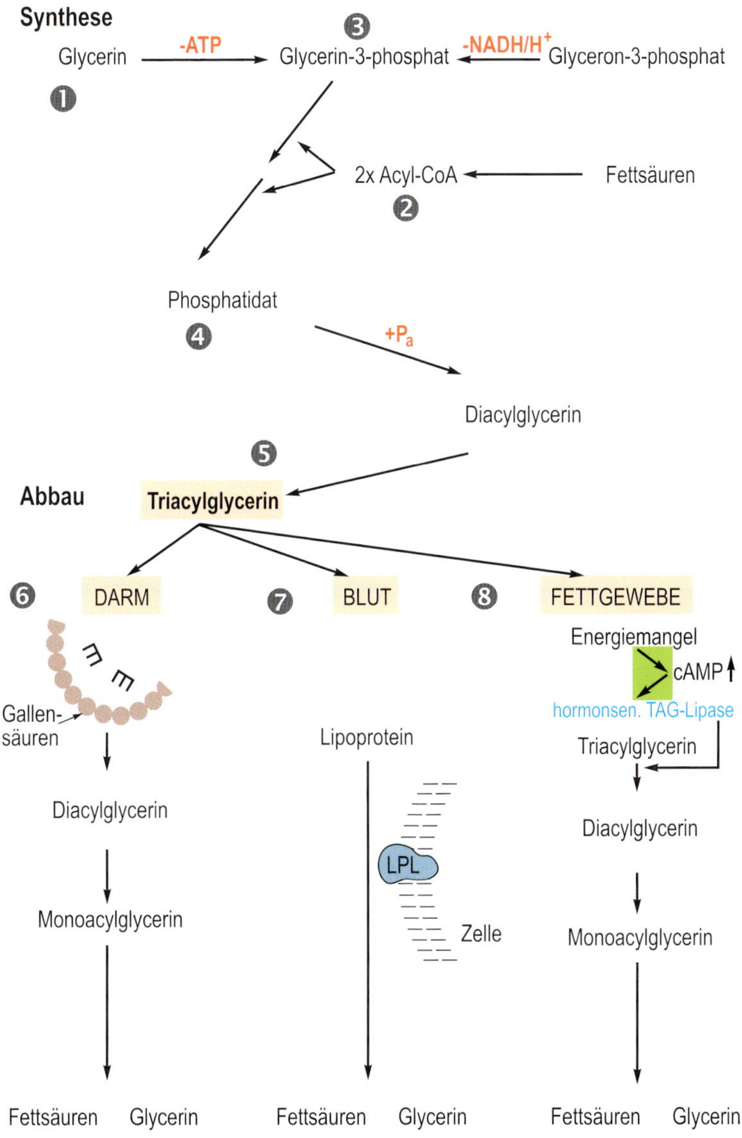

31 GL Glyceron-3-phosphat

111 FS Fettsäuren

105 bOX Fettsäuren

39 GN Glycerin

- Im Darm werden die **Triacylglycerine aus der Nahrung** vor allem durch **Gallensäuren** (→ S. 124) emulgiert ❶. Danach kann die **Pankreas-Lipase** mit dem Abbau beginnen und die Triacylglycerine schrittweise in ihre Bestandteile zerlegen ❷. Zur endgültigen Aufnahme in die **Darmzellen** (Enterozyten) werden aus den Spaltprodukten Mizellen aufgebaut. Diese können ungehindert die Zellmembran durchdringen und ins Zytoplasma gelangen.

- Damit sich **Triacylglycerine im Blut** lösen können und auf diesem Weg zu ihren Zielzellen gelangen, sind **Trägerproteine** notwendig ❸. Im Inneren dieser **Lipoproteine** (→ S. 130) werden die Triacylglycerine zu ihrem Ziel, zum Beispiel den Fettzellen (Adipozyten), transportiert. Die Aufgabe der **Lipoprotein-Lipase** (LPL) ist es dann, die in den Lipoproteinen eingeschlossenen Triacylglycerine in ihre Bestandteile zu zerlegen ❹. Auf diese Weise können sie als wasserlösliche Verbindungen bis zur Zellmembran gelangen und in die Zelle eindringen.

- Das **Fettgewebe** ist das Brennstofflager des Energiestoffwechsels ❺. Es wird benötigt, um Glukoseschwankungen im Blut auszugleichen. Über die Spaltung von Triacylglycerinen können **Fettsäuren** und **Glycerin** bereitgestellt werden. Erstere dienen als Substrat für die **β-Oxidation** (→ S. 104), Letzteres kann in der Leber zum Glycerinaldehyd-3-phosphat umgesetzt werden und in die **Glukoneogenese** oder die **Glykolyse** einfließen.

- Die Aktivität der Lipasen im Fettgewebe wird hormonell gesteuert. **Glukagon** und **Adrenalin** sind in der Lage über einen erhöhten cAMP-Spiegel (Hungersignal) die hormonsensitive **TAG-Lipase** (HSL) zu aktivieren und gleichzeitig die **Acetyl-CoA-Carboxylase** und damit die **Fettsäure-Biosynthese** zu hemmen. Insulin wirkt über eine Aktivierung der Acetyl-CoA-Carboxylase senkend auf den cAMP-Spiegel und kann dadurch die TAG-Synthese aus Kohlenhydraten aktivieren.

- Die Regulation der Lipolyse und der Lipogenese ist außerdem vom **Blutglukosespiegel** abhängig. Bei hohen Werten betreiben die Fettzellen verstärkt Glykolyse und die Lipogenese überwiegt. Herrscht jedoch ein niedriger Glukosespiegel, dann steht die Lipolyse im Vordergrund.

Biosynthese und Abbau von Triacylglycerinen

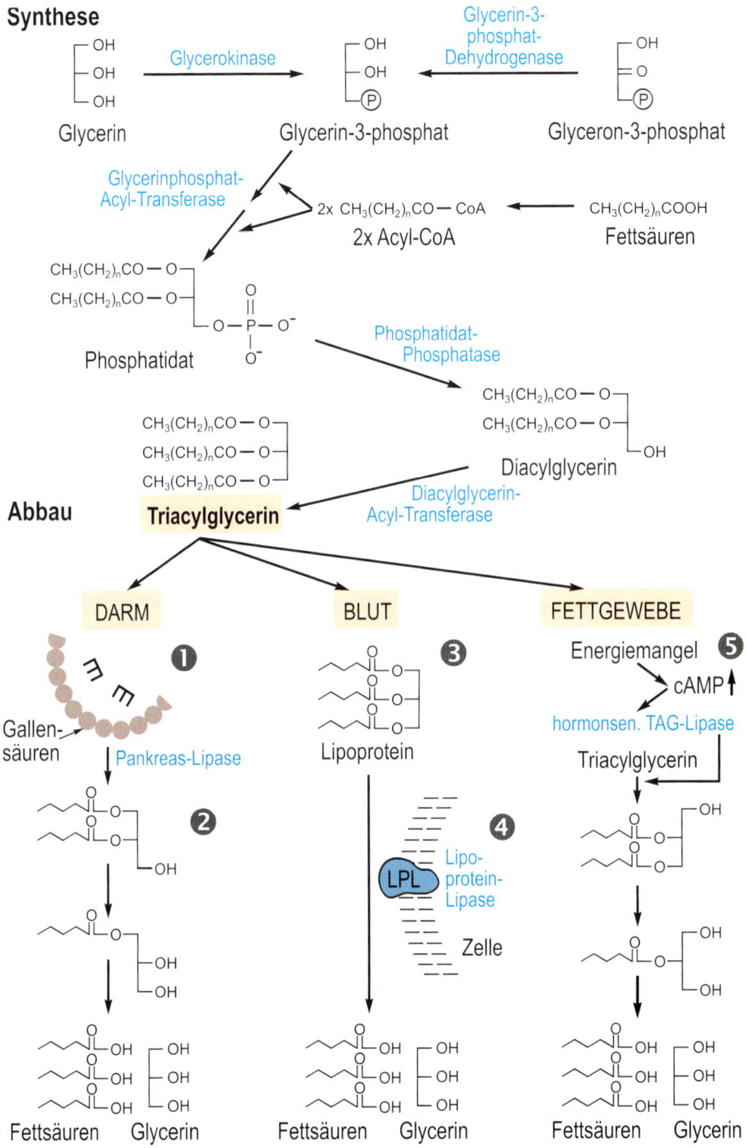

31 GL Glyceron-3-phosphat

111 FS Fett-säuren

105 bOX Fett-säuren

39 GN Glycerin

- Der **Abbau der Fettsäuren** beginnt im **Zytoplasma**. Dort werden die reaktionsträgen Fettsäuren zu **Acyl-CoA** aktiviert. Sie reagieren mit ATP unter Abspaltung von Pyrophosphat zu **Acyladenylat** ❶, einem reaktionsfreudigen Säureanhydrid aus Phosphorsäure und der jeweiligen Fettsäure. Das dabei freiwerdende Pyrophosphat wird unmittelbar von einer Pyrophosphatase hydrolysiert, so dass die Gesamtreaktion irreversibel verläuft und das Gleichgewicht ganz auf der Seite des Acyladenylats liegt. Im nächsten Schritt reagiert Acyladenylat mit CoA zu **Acyl-CoA** ❷, in dieser Form kann die Fettsäure in weitere Stoffwechselwege einfließen.

- Die aktivierten Fettsäuren müssen durch die innere Mitochondrienmembran geschleust werden. Dazu wird der Acyl-Rest vorübergehend auf **L-Carnitin** übertragen ❸. Die **Carnitin-Acylcarnitin-Translokase** (Antiporter) transportiert dann im Austausch das entstandene **Acyl-L-Carnitin** ins Mitochondrium hinein und L-Carnitin hinaus ❹. In der Mitochondrienmatrix angelangt, reagiert Acyl-L-Carnitin wieder mit mitochondrialem CoA zum Acyl-CoA ❺ zurück und die Fettsäurekette kann weiter abgebaut werden.

- Die **β-Oxidation** ist die zentrale Reaktion des Fettsäureabbaus. Einige Organe, wie z. B. Herz und Leber, decken ihren Energiebedarf bis zu über 50 % aus der Oxidation von Fettsäuren. Der Name β-Oxidation erklärt sich aus dem Reaktionsbeginn am zweiten Kohlenstoff hinter der Carboxylgruppe, das als β-C-Atom bezeichnet wird (3. C-Atom der Kette). Die β-Oxidation setzt sich aus den Stufen **Dehydrierung I** ❻, **Addition** ❼, **Dehydrierung II** ❽ und **Thiolyse** ❾ zusammen.

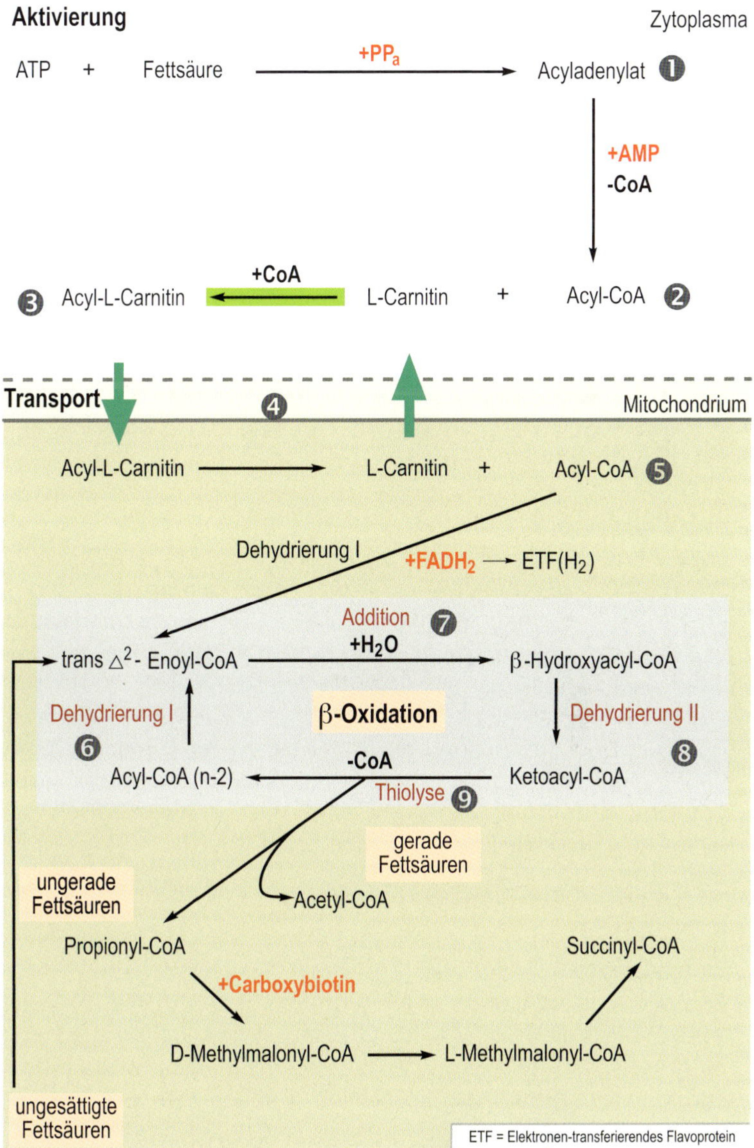

ETF = Elektronen-transferierendes Flavoprotein

59 CZ Acetyl-CoA
59 CZ Succinyl-CoA
69 AK FADH$_2$
71 AK ETF

- Im Einzelnen verlaufen die Reaktionsschritte der β-Oxidation wie folgt:
  1. Ausgehend von einem **Acyl-CoA** ❶ entsteht durch Dehydrierung ein trans-Δ^2-Enoyl-CoA ❷. Die beiden Wasserstoffatome werden auf das FAD in der **Acyl-Dehydrogenase** übertragen und an das elektronentransferierende Flavoprotein **ETF** weitergereicht ❸. ETF ist eine Verbindung zur Atmungskette und gibt dort seine Wasserstoffatome direkt an Ubichinon ab (→ S. 70).
  2. Nach dem Einbau der trans-Doppelbindung folgt eine stereospezifische Addition von Wasser. Es entsteht **β-Hydroxyacyl-CoA** ❹.
  3. Die zweite Dehydrierung entfernt beide Wasserstoffatome aus dem zuvor addierten Wasser, wodurch in der Summe ein Sauerstoffatom zurückbleibt und **Ketoacyl-CoA** ❺ entsteht. Die freiwerdende Energie wird zur Reduktion eines **NAD^+** benutzt, das danach zur Energiegewinnung in die Atmungskette einfließt.
  4. Nun erfolgt die Abspaltung eines C2-Fragmentes (Acetyl-CoA). Ein CoA-Molekül greift dazu mit dem Schwefel seiner Thiolgruppe am Kohlenstoff der β-Ketogruppe an und bewirkt die Abspaltung des **Acetyl-Restes** ❻ (Thiolyse).

- Während sich **geradzahlige, gesättigte Fettsäuren** problemlos zerlegen lassen, erfordern **ungeradzahlige, gesättigte Fettsäuren** und **ungesättigte Fettsäuren** zusätzliche Enzyme. Ungeradzahlige Fettsäuren werden zwar nicht vom Körper synthetisiert, kommen jedoch in der Nahrung vor, so dass sie gelegentlich verarbeitet werden müssen. Nach dem letzten Zyklus der β-Oxidation bleibt bei diesen Fettsäuren nicht **Acetyl-CoA** (C2-Körper) sondern **Propionyl-CoA** ❼ (C3-Körper) übrig. Das Propionyl-CoA durchläuft dann drei weitere Reaktionsschritte, bis schließlich **Succinyl-CoA** ❽ entsteht, das in den Citratzyklus einfließen kann.

- Die Regulation der β-Oxidation wird ähnlich wie die Lipolyse durch den **Blutglukosewert** beeinflusst. Auf diese Weise wird indirekt zwischen Energieerzeugung und Triacylglycerin-Synthese entschieden. Außerdem wird der Transport ins Mitochondrium gesteuert. Sobald die Fettsäure-Biosynthese arbeitet, wird über das Zwischenprodukt Malonyl-CoA die Carnitin-Acyl-Transferase I gehemmt, wodurch kein weiteres Substrat zur β-Oxidation gelangt.

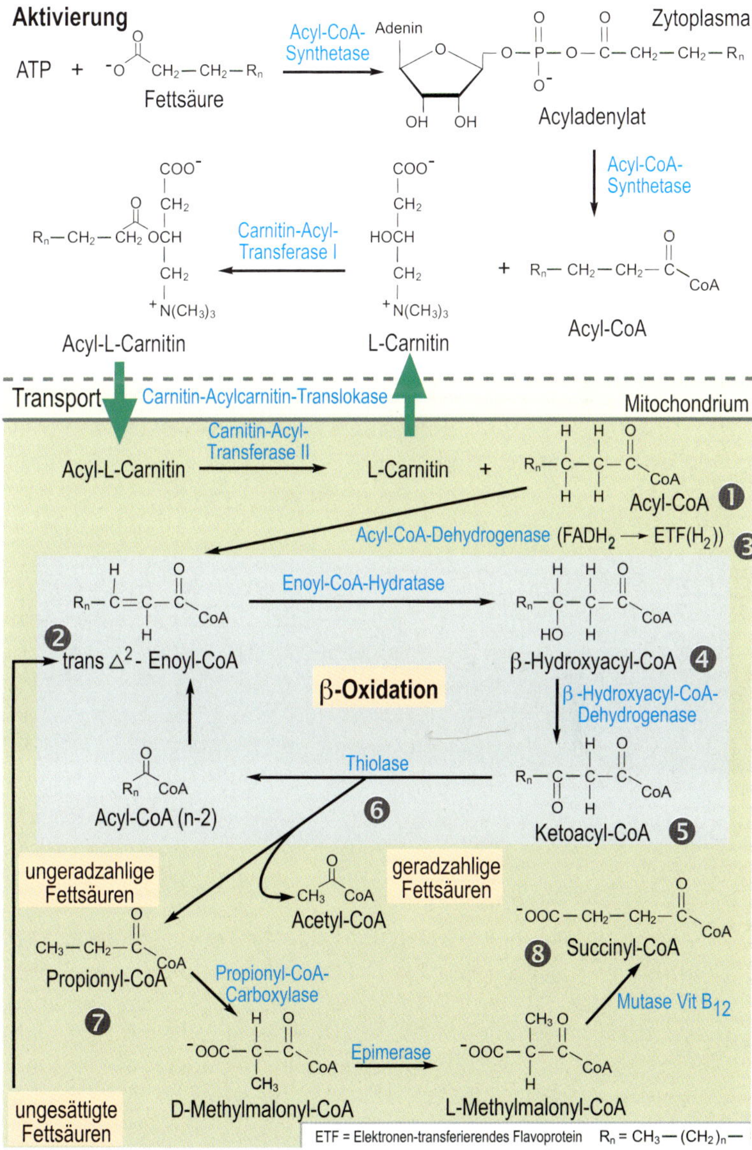

59 CZ Acetyl-CoA
59 CZ Succinyl-CoA
69 AK FADH2
71 AK ETF

- **Ungesättigte Fettsäuren** enthalten in der Regel cis-konfigurierte Doppelbindungen (cis-Δ^n). Die **Enoyl-CoA-Hydratase** aus der β-Oxidation kann allerdings nur trans-Δ^2-Doppelbindungen verarbeiten. Deswegen muss vorher eine **Isomerase** die cis-Doppelbindung in eine trans-Doppelbindung umwandeln. Liegt eine cis-Δ^3-Doppelbindung vor (eine Doppelbindung zwischen 3. und 4. C-Atom), wird eine Isomerase zur Umwandlung in eine trans-Δ^2-Doppelbindung benötigt ❶.

- Komplizierter ist der Fall bei **mehrfach ungesättigten Fettsäuren**. Eine cis-$\Delta^{3,6}$-Fettsäure ❷ wird durch die **Isomerase** zuerst an der Doppelbindung in Position 3 umgelagert und durchläuft anschließend einen Zyklus der β-Oxidation. Die entstandene **cis-Δ^4-Fettsäure** ❸ wird durch die Acyl-Dehydrogenase in eine **trans-Δ^2-cis-Δ^4-Fettsäure** ❹ oxidiert. Eine Reduktase reduziert anschließend das 2,4-Dien zu **cis-Δ^3-Fettsäure** ❺. Diese Doppelbindung kann durch die erwähnte Isomerase wieder in eine **trans-Δ^2-Fettsäure** umgelagert werden und in die β-Oxidation eingehen ❻.

i Ein Durchlauf der β-Oxidation erzeugt je ein Molekül $FADH_2$, NADH/H^+ und Acetyl-CoA. Das ursprüngliche Substrat Acyl-CoA wird dabei um zwei Kohlenstoffatome verkürzt. In Einheiten der Energiewährung ATP ausgedrückt sind dies 14 Moleküle ATP pro C2-Fragment. Dies setzt sich aus dem Energiegewinn in der Atmungskette (1,5 ATP/$FADH_2$ bzw. 2,5 ATP/NADH/H^+) und im Citratzyklus (10 ATP/Acetyl-CoA) zusammen.

107 bOX trans-Enoyl-CoA

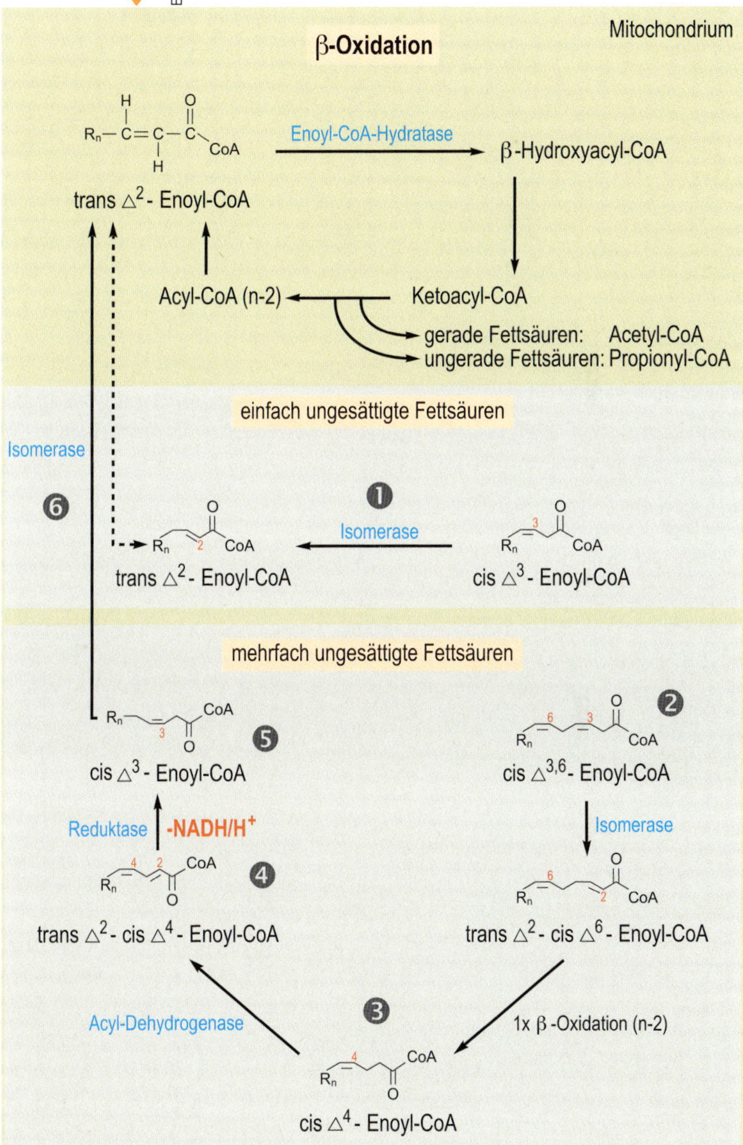

- Von der Energieversorgung im Organismus hängt es ab, ob aus **Acetyl-CoA ATP** hergestellt wird oder stattdessen die **Fettsäuresynthese** Vorrang hat. Die meisten Gewebe können Fettsäuren synthetisieren, den größten Teil stellt jedoch die Leber her. Das Hauptprodukt dieser zytosolischen Biosynthese ist die gesättigte C16-Fettsäure **Palmitinsäure** (C16) in Form von Palmitat. In geringerem Maße wird auch die nächstgrößere **Stearinsäure** (C18) hergestellt. Die hergestellten Fettsäuren werden an Glycerin angeheftet und als **Lipoproteinkomplex** in die Blutbahn abgegeben (→ S. 21). Zusammen mit den Fettsäuren aus der Nahrung werden sie in Form von Triacylglycerinen im Fettgewebe eingelagert. Nur zwei der einfach ungesättigten Fettsäuren kann der Mensch synthetisieren: **Palmitoleinsäure** und **Ölsäure**, da Doppelbindungen zwischen Kohlenstoffatomen nur bis zu einer Kettenlänge von neun C-Atomen eingebaut werden können. Deswegen sind mehrfach ungesättigte Fettsäuren, wie **Linolsäure** oder **Linolensäure**, **essenziell** und dienen als Ausgangspunkt für weitere Synthesen.

- Vor der eigentlichen Fettsäuresynthese wird zunächst **Acetyl-CoA** aktiviert. Diese Reaktion ist zugleich die Schlüsselreaktion der gesamten Reaktionsfolge. Das Enzym **Acetyl-CoA-Carboxylase** überträgt ein CO_2-Molekül auf das β-C-Atom des Acetyl-CoA. Es entsteht **Malonyl-CoA**, das als Donor für C2-Einheiten dient ❶. Hierbei tritt **Carboxybiotin** als CO_2-Spender auf, ähnlich wie in den Reaktionen der Pyruvat-Carboxylase (→ S. 39) und der Propionyl-CoA-Carboxylase (→ S. 105).

- Die eigentliche Biosynthese **gesättigter, geradzahliger Fettsäuren** wird vom Multienzymkomplex der **Fettsäure-Synthase** katalysiert. Er enthält insgesamt sechs unterschiedliche Enzymfunktionen (1 – 6), die auf zwei Untereinheiten verteilt sind. Die beiden Substrate **Acetyl-CoA** und **Malonyl-CoA** werden an zwei Thiolgruppen im Enzymkomplex verankert und im Verlauf der Synthese miteinander verknüpft ❷. Im Endergebnis reagieren im ersten Zyklus zwei Acetylreste miteinander und in der Folge werden immer zwei vom Malonyl-CoA stammende Kohlenstoffatome an die Kette angehängt. Dieser Vorgang wiederholt sich bis zu einer Kettenlänge von **16 Kohlenstoffatomen** (Palmitat) ❸. Vereinzelt geht die Reaktion bis zur Stearinsäure (C18) weiter. Längere Fettsäuren werden an dieser Stelle nicht synthetisiert. Zum Schluss wird die synthetisierte Fettsäure als freie Carbonsäure, d. h. ohne Coenzym A, ins Zytoplasma abgegeben.

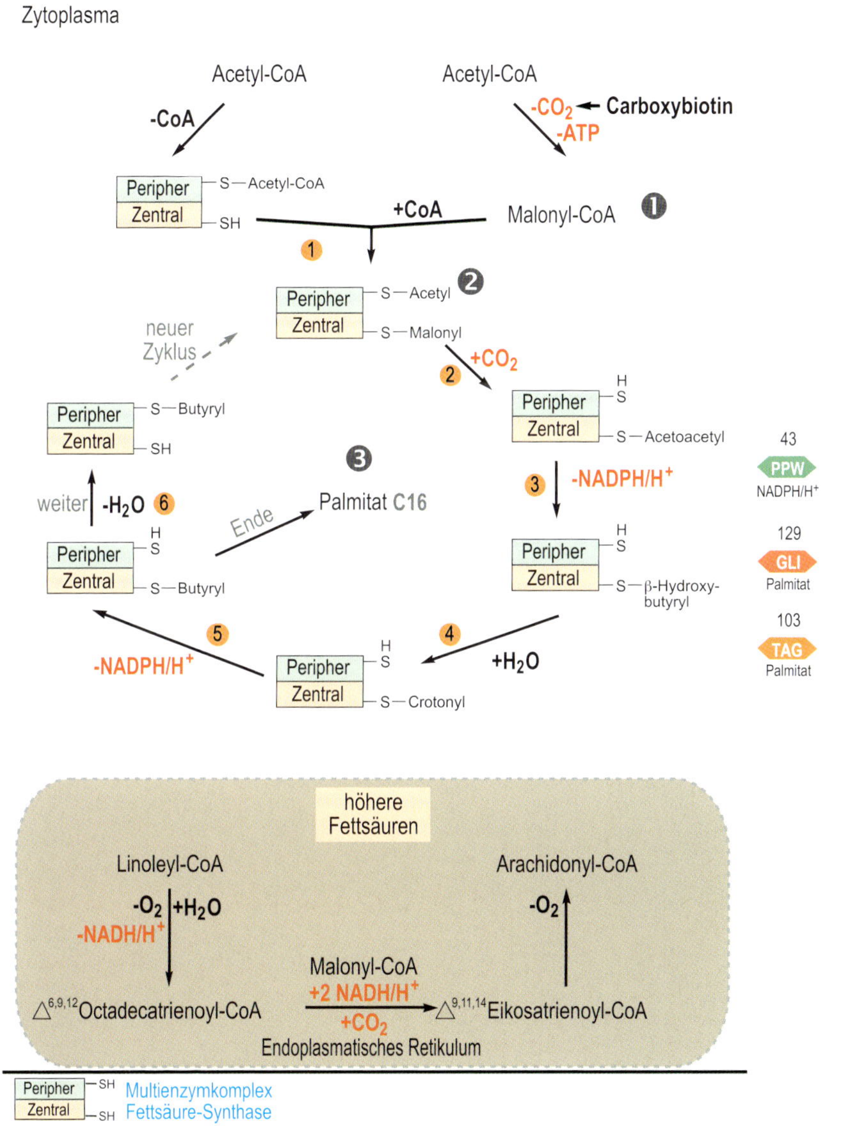
Zytoplasma
Acetyl-CoA
Acetyl-CoA
-CoA
-CO2
Carboxybiotin
-ATP
Peripher
Zentral
S—Acetyl-CoA
SH
+CoA
Malonyl-CoA
1
S—Acetyl
S—Malonyl
neuer Zyklus
+CO2
2
S—Butyryl
S—Acetoacetyl
3
-NADPH/H+
weiter
-H2O
6
Ende
Palmitat C16
S—Butyryl
S—β-Hydroxy-butyryl
5
4
-NADPH/H+
S—Crotonyl
+H2O
43
PPW
NADPH/H+
129
GLI
Palmitat
103
TAG
Palmitat
höhere Fettsäuren
Linoleyl-CoA
-O2
+H2O
-NADH/H+
Arachidonyl-CoA
-O2
Malonyl-CoA
+2 NADH/H+
Δ6,9,12Octadecatrienoyl-CoA
Δ9,11,14Eikosatrienoyl-CoA
+CO2
Endoplasmatisches Retikulum
Multienzymkomplex
Fettsäure-Synthase

- Im Endoplasmatischen Retikulum existiert ein Syntheseapparat speziell zur Herstellung von **längeren Fettsäuren** (n ≥18). Dort wird durch Addition von **Malonyl-CoA** an das bestehende Kohlenstoffgerüst, u. a. **Arachidonsäure** aus **Linolsäure** aufgebaut. Dazu führt das Enzym **Desaturase** zunächst eine weitere Doppelbindung in die Linolsäure ein, danach wird **Malonyl-CoA** addiert und der entstandene Eikosanotrienoyl-Rest nochmals von der Desaturase zum **Arachidonyl-CoA** reduziert. Alle drei Schritte erfordern NADPH/H^+ als Reduktionsäquivalent.

- Die notwendigen **Reduktionsäquivalente** (NADPH/H^+) kommen zum Teil aus dem **Pentosephosphatweg** und zum Teil aus der Umsetzung von Malat mit dem **Malat-Enzym** zu Pyruvat (→ S. 114). Auf diese Weise entsteht beim Transport aus dem Mitochondrium ins Zytoplasma in der Summe pro Acetyl-CoA ein Reduktionsäquivalent NADPH/H^+ für die Fettsäuresynthese.

- Die **allosterische Regulation** der Fettsäure-Biosynthese basiert auf dem aktivierenden Effekt von **Citrat** auf die Acetyl-CoA-Decarboxylase und deren Hemmung durch **AMP**, das bei Energiemangel von der Zelle gebildet wird.

Tab. 7 Regulation Fettsäure-Biosynthese

	gehemmt durch	aktiviert durch
allosterisch	AMP, Acyl-CoA	Citrat
hormonell	Adrenalin, Glukagon	Insulin

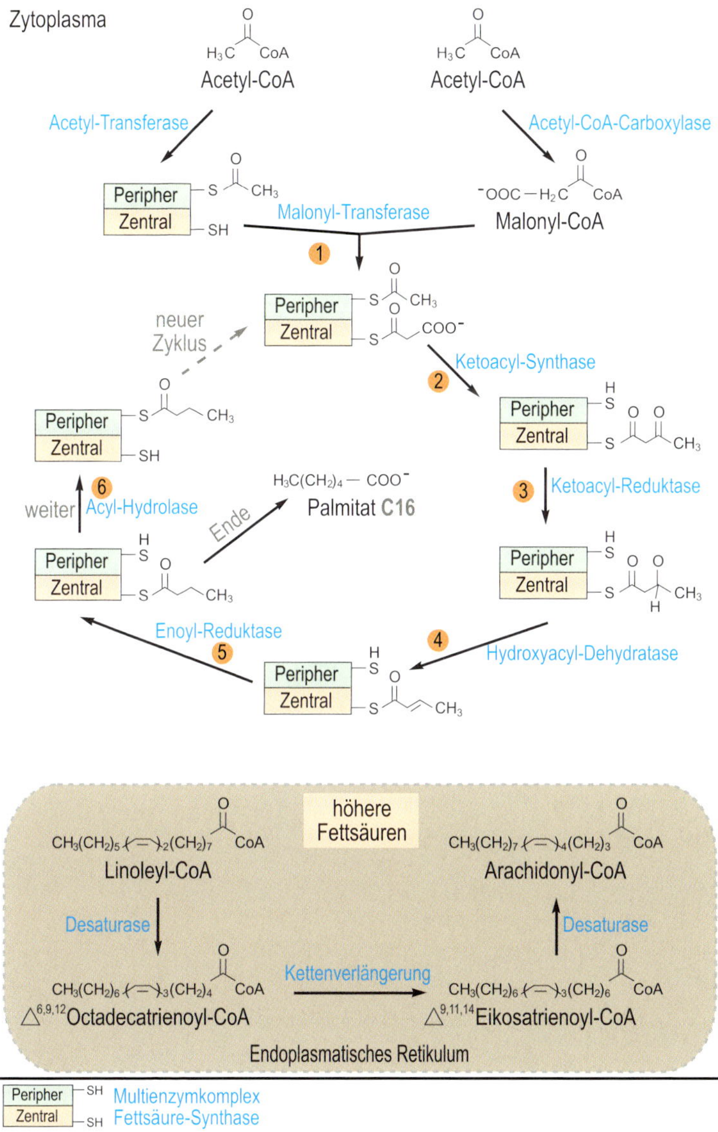

129
GLI
Palmitat
103
TAG
Palmitat

- **Tricarbonsäure-Transporter**

  Da die Ausgangsverbindung der Fettsäuresynthese, **Acetyl-CoA**, in den Mitochondrien gebildet wird, muss sie über einen eigenen **Transportmechanismus** ins Zytoplasma gebracht werden. Hierzu dient die Reaktion von Oxalacetat und Acetyl-CoA zu Citrat ❶. Über den **Tricarbonsäure-Transporter** gelangt das Citrat anschließend ins Zytoplasma ❷. Dort reagiert es unter ATP-Verbrauch zurück zu Oxalacetat und Acetyl-CoA wird wieder freigesetzt ❸. Für den Rückweg ins Mitochondrium wird das Oxalacetat zunächst zu Malat reduziert. Malat kann entweder direkt über den **Malat-Shuttle** transportiert werden ❹ oder nach Decarboxylierung zum Pyruvat über den **Pyruvat/H^+-Symporter** ❺ ins Mitochondrium gelangen.

- **Ketonkörper**

  Während einer **Hungerphase** wird in den Mitochondrien der Leberzellen verstärkt β-Oxidation betrieben. Große Mengen an Acetyl-CoA werden freigesetzt und gelangen zum **Citratzyklus**. Wenn die Abbaureaktionen mit der Verwertung des Acetyl-CoA nicht mehr nachkommen, beginnt die Synthese von **Ketonkörpern** in den Mitochondrien der Leber. Aus Acetyl-CoA bilden sich **Acetoacetat** ❻, **β-Hydroxybutyrat** ❼ und **Aceton** ❽. Die Ketonkörper gelangen über das Blut zu ihren Zielzellen. Dort werden sie in den Mitochondrien zum Zwecke der Energiegewinnung wieder zu Acetyl-CoA abgebaut. Ausgehend vom **β-Hydroxybutyrat** ❾ wird durch Oxidation **Acetoacetat** hergestellt. Die β-Ketoacyl-CoA-Transferase überträgt anschließend einen CoA-Rest auf Acetoacetat, das zum **Acetoacetyl-CoA** reagiert ❿. Durch Thiolyse entstehen daraus wieder zwei Moleküle **Acetyl-CoA**, die in der Zielzelle zur **ATP-Synthese** genutzt werden können.

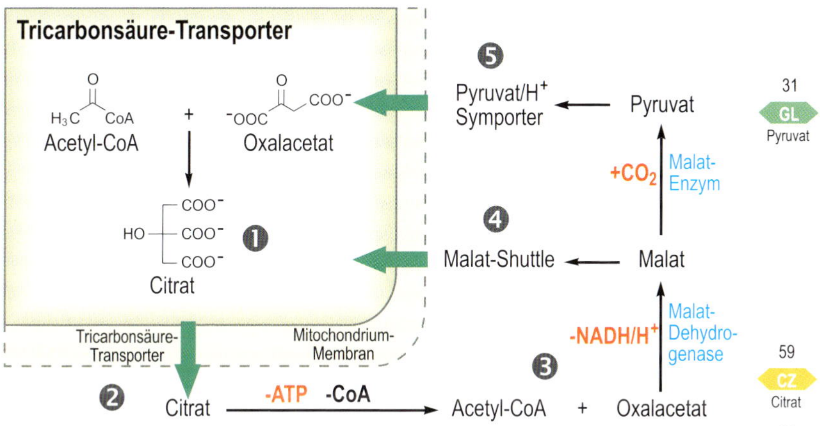
Tricarbonsäure-Transporter
Acetyl-CoA
Oxalacetat
Citrat
1
Tricarbonsäure-Transporter
Mitochondrium-Membran
5
Pyruvat/H+ Symporter
Pyruvat
+CO2
Malat-Enzym
4
Malat-Shuttle
Malat
-NADH/H+
Malat-Dehydrogenase
3
2
Citrat
-ATP -CoA
Acetyl-CoA + Oxalacetat
31 GL Pyruvat
59 CZ Citrat
59 CZ Oxalacetat

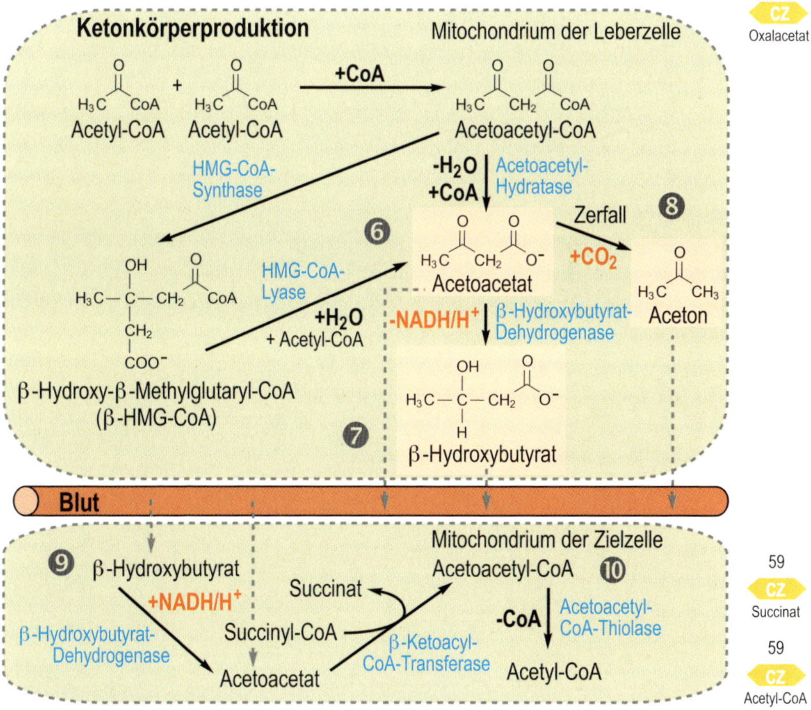
Ketonkörperproduktion
Mitochondrium der Leberzelle
Acetyl-CoA + Acetyl-CoA
+CoA
Acetoacetyl-CoA
HMG-CoA-Synthase
-H2O +CoA
Acetoacetyl-Hydratase
Zerfall
8
6
β-Hydroxy-β-Methylglutaryl-CoA (β-HMG-CoA)
HMG-CoA-Lyase
+H2O + Acetyl-CoA
Acetoacetat
+CO2
Aceton
-NADH/H+
β-Hydroxybutyrat-Dehydrogenase
β-Hydroxybutyrat
7
Blut
Mitochondrium der Zielzelle
9
β-Hydroxybutyrat
+NADH/H+
β-Hydroxybutyrat-Dehydrogenase
Acetoacetat
Succinat
Succinyl-CoA
β-Ketoacyl-CoA-Transferase
Acetoacetyl-CoA
10
-CoA
Acetoacetyl-CoA-Thiolase
Acetyl-CoA
59 CZ Succinat
59 CZ Acetyl-CoA

- **Fettleber**
  Die krankhafte Speicherung von **Triacylglycerinen** führt zur so genannten Fettleber. Bleibt sie unbehandelt, wird die Leberfunktion beeinträchtigt und bis hin zur Leberzirrhose geschädigt. Die häufigste Ursache einer Fettleber ist exzessiver Alkoholmissbrauch. Die exakte Wirkung des Ethanols ist noch nicht bekannt, aber **Ethanol** fördert die Fettsäurebiosynthese und hemmt gleichzeitig die β-Oxidation. Daraus resultiert ein erhöhter Plasmaspiegel an freien, d. h. nicht veresterten Fettsäuren. Aus diesen werden in der Leber Triacylglycerine gebildet, die sich dann ablagern und dieses Krankheitsbild hervorrufen.

- **Azidose**
  Unter einer Azidose versteht man einen Abfall des arteriellen pH-Werts (pH <7,37). Dies kann etwa durch eine vermehrte Abgabe von **Acetoacetat** und **β-Hydroxybutyrat** ❶ ins Blut verursacht werden. Wegen ihres Ursprungs wird diese Form der metabolischen Azidose als **Ketoazidose** bezeichnet. Eine der möglichen Ursachen ist Diabetes mellitus. Ein Insulinmangel löst über die verstärkte Lipolyse und der resultierenden erhöhten Konzentration an freien Fettsäuren eine massive Ketonkörperproduktion aus. Therapeutisch steht immer die Behandlung der Grunderkrankung im Vordergrund. Eine rasche Korrektur des pH-Wertes ist sekundär.

- **Diagnostik von Ketonkörpern**
  Die Konzentrationen der Ketonkörper sind während Hungerzuständen oder bei Diabetes mellitus (Insulinmangel) erhöht. Von den drei Ketonkörpern **Aceton** ❷, **Acetoacetat** ❸ und **β-Hydroxybutyrat** sind die beiden ersten diagnostisch relevant. Der qualitative Nachweis wird mit Teststreifen in einer Urinprobe durchgeführt. Der Nachweis basiert auf der Legal-Probe **mit Nitroprussidnatrium** ❹ (Natriumpentacyanonitrosylferrat (II)) in alkalischer Lösung. Ein positiver Nachweis erzeugt eine violette Färbung. Acetoacetat reagiert noch stärker, während β-Hydroxybutyrat wegen der fehlenden Ketogruppe keinen Nachweis liefert. Falsch negative Ergebnisse treten nach Einnahme von Vitamin C, falsch positive Ergebnisse bei Einnahme von thiolhaltigen Medikamenten auf. Beim gesunden Menschen liegt der Wert im Morgenurin nach nächtlichem Fasten bei weniger als 5 mg/dl Urin. Durch pathologische Veränderungen kann er mehr als den 10-fachen Wert annehmen.

FETTLEBER BEI ALKOHOLMISSBRAUCH

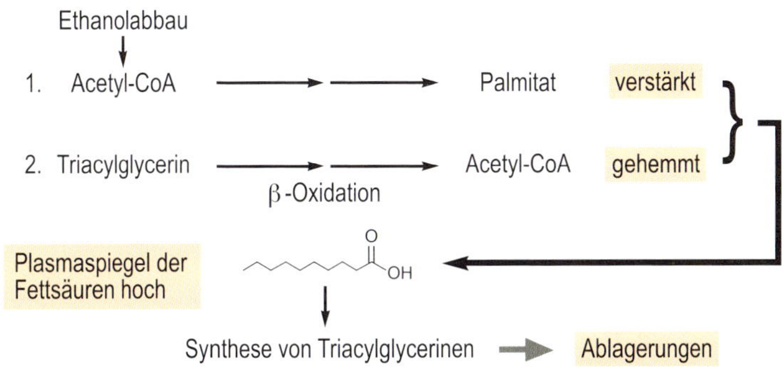

ACIDOSE

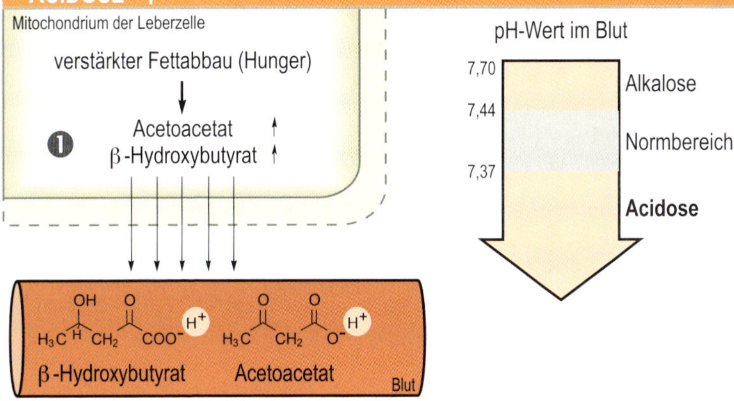

DIAGNOSTIK VON KETONKÖRPERN

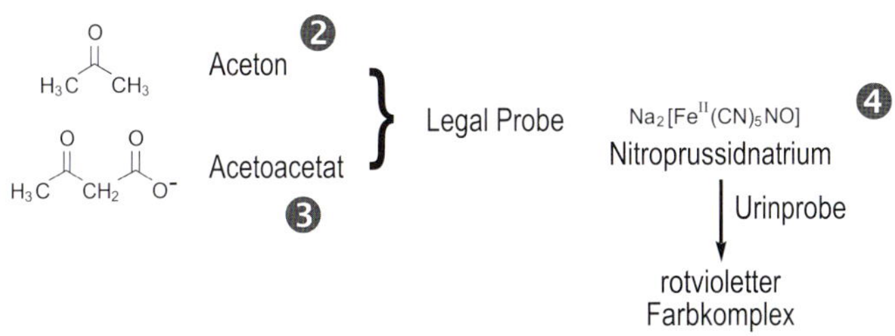

Cholesterinstoffwechsel/Membranlipide

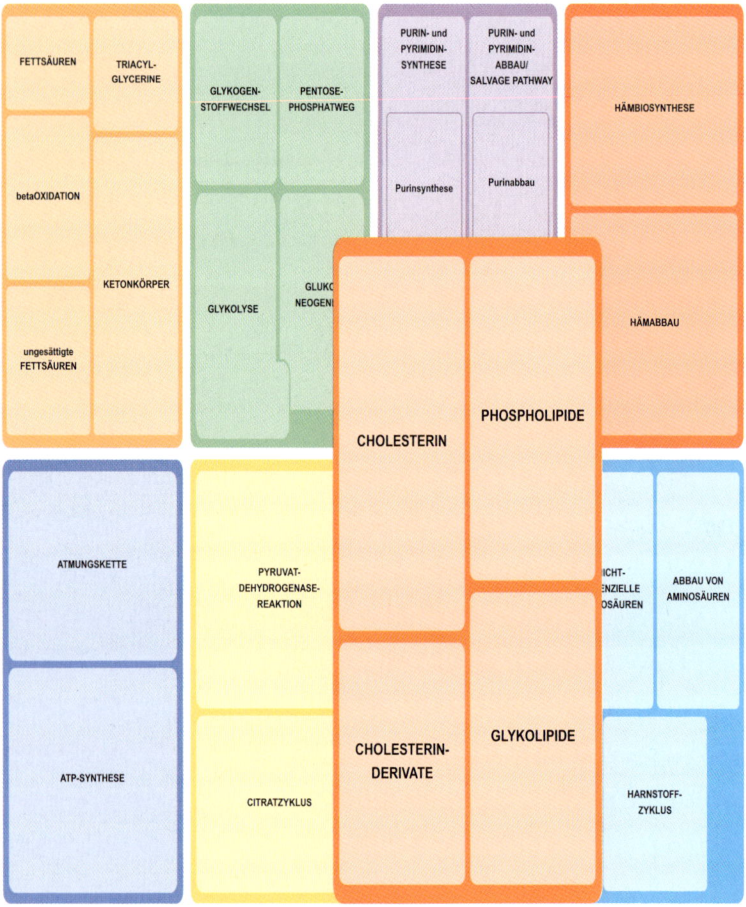

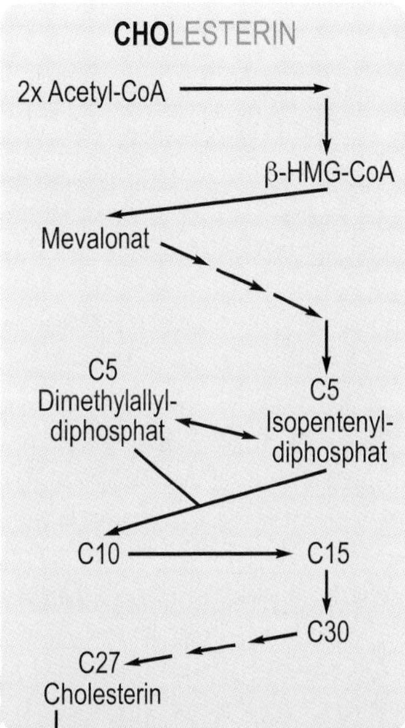

120

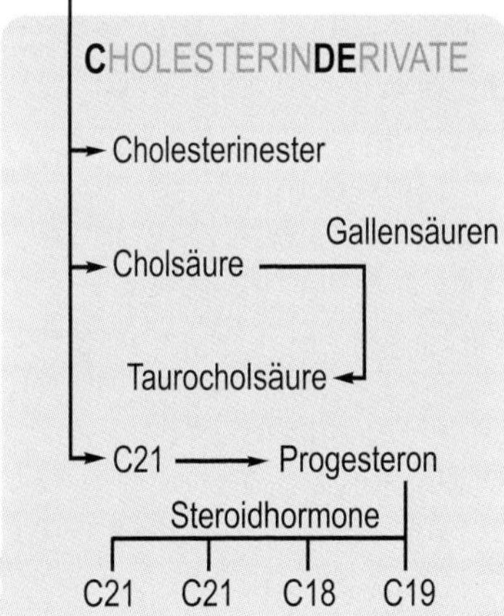

124

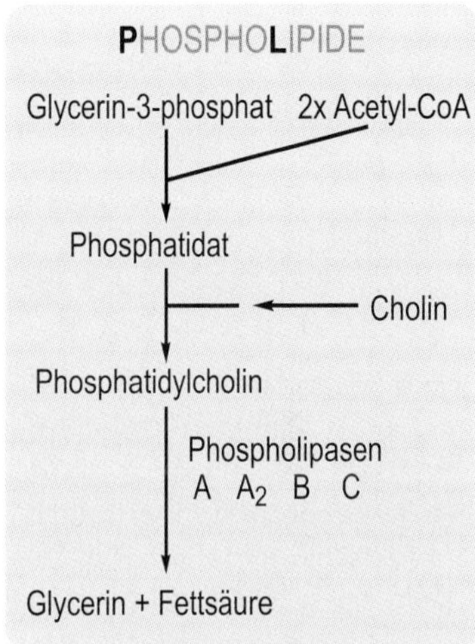

126

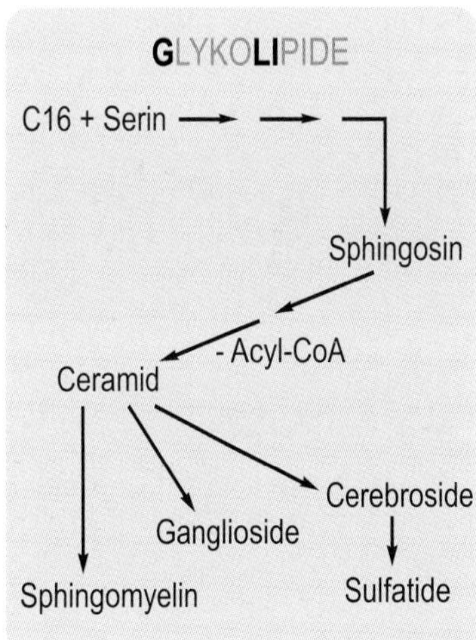

128

In den **Membranen** der tierischen Zellen finden sich drei weitere Substanzklassen der Lipide: **Cholesterin**, **Phospholipide** und **Glykolipide**. Sie erhalten die Membranbeweglichkeit bzw. funktionalisieren die Membranoberfläche (Glykolipide).
Als **Bestandteil der Zellmembran** und **Grundbaustein für Gallensäuren** und **Steroidhormone** kann die tierische Zelle nicht auf **Cholesterin** verzichten. Jede Zelle ist in der Lage, diese Verbindung selbst herzustellen. Der **tägliche Cholesterinbedarf** von **1.000 mg** wird zum größten Teil endogen synthetisiert, nur etwa 300 mg werden mit der Nahrung aufgenommen. Die Synthese verteilt sich auf das Zytoplasma und das Endoplasmatische Retikulum. Verfolgt man die Biosynthese des polyzyklischen Kohlenstoffgerüsts von Cholesterin zurück, lässt sich seine Herkunft vollständig auf **Acetyl-CoA-Einheiten** (C2-Fragmente) zurückführen. Das charakteristische Ringsystem des **Sterans** (→ S. 23) aus vier kondensierten **Cycloalkanen** bildet die Grundlage für die Steroid-Synthese. Prinzipiell sind alle Zellen zur Cholesterinbiosynthese fähig, quantitativ bedeutsam sind jedoch nur **Leber** und **Intestinum**.

- Wie die Synthese der Ketonkörper in den Mitochondrien beginnt auch die Cholesterinsynthese im Zytosol mit der Kondensation von zwei Molekülen Acetyl-CoA zu **Acetoacetyl-CoA** ❶. Zusammen mit einem weiteren Acetyl-CoA entsteht daraus **β-Hydroxy-β-Methylglutaryl-CoA** (β-HMG-CoA) ❷. Diese Reaktion wird von der zytosolischen **HMG-CoA-Synthase** katalysiert. An der Membran des glatten Endoplasmatischen Retikulums (ER) findet dann der geschwindigkeitsbestimmende Schritt der Cholesterinbiosynthese statt. Die HMG-CoA-Reduktase katalysiert auf der zytosolischen Seite der Membran die Umsetzung von β-HMG-CoA zu **Mevalonat** ❸. In mehreren Phosphorylierungen entsteht aus Mevalonat unter CO_2-Abspaltung **Isopentenyldiphosphat** ❹, das auch als aktiviertes Isopren bezeichnet wird.

Cholesterinbiosynthese

55
PDR
Acetyl-CoA

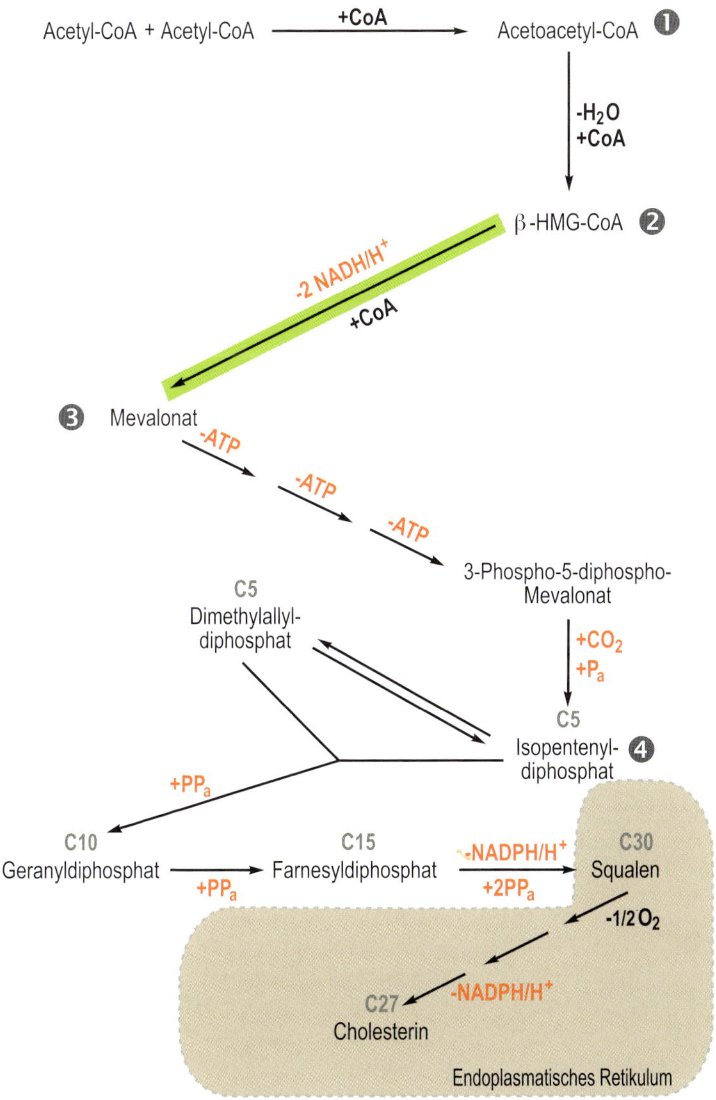

125
CDE
Cholesterin

- Ausgehend von den Isopren-Einheiten beginnt der mehrstufige Aufbau zum vollständigen Sterangrundgerüst. Zunächst isomerisiert **Isopentenyldiphosphat** ❶ (C5) teilweise zu **Dimethylallyldiphosphat** ❷. Diese beiden aktivierten Isoprene verbinden sich zum **Geranyldiphosphat** ❸ (C10), das mit einer weiteren Isopren-Einheit zum **Farnesyldiphosphat** ❹ (C15) reagiert. Nun wechselt der Syntheseort und die weiteren Reaktionsschritte laufen im glatten Endoplasmatischen Retikulum (ER) ab.

- Aus zwei Farnesyldiphosphaten bildet sich im ER unter NADPH/H^+-Verbrauch das mehrfach ungesättigte **Squalen** ❺ (C30). Nun schließt sich eine komplexe Reaktionsfolge an, die mit der Aktivierung des Squalens durch eine **Monooxygenase** eingeleitet wird. Sie oxidiert die Doppelbindung an einem Ende des Squalens (Epoxidierung), worauf sich intramolekular das Ringsystem ausbildet. Es folgen einige Umlagerungen und eine Demethylierung bis letztlich **Cholesterin** ❻ (C27) entsteht.

- Die Regulation der Cholesterinsynthese muss auf die stetige Zufuhr durch die Nahrung abgestimmt werden, um einen zu hohen Cholesteringehalt im Blut zu vermeiden. Dies wird sowohl allosterisch als auch hormonell erreicht. Der gesamte Stoffwechselweg wird über die **HMG-CoA-Reduktase** gesteuert. Sowohl Mevalonat, als primäres Reaktionsprodukt, als auch Cholesterin wirken reprimierend auf die Transkription des Gens der Reduktase ein. Die Regulationshormone **Insulin** und **Glukagon** wirken über die cAMP-vermittelte Phosphorylierung. Insulin aktiviert und Glukagon hemmt die Reaktion. Die zentrale Stellung der HMG-CoA-Reduktase in der Regulation des Cholesterinstoffwechsels prädestiniert sie als Ziel für einen medikamentösen Eingriff (→ S. 130).

Tab. 8 Regulation der Cholesterinsynthese

β-HMG-CoA-Reduktase	gehemmt durch	aktiviert durch
allosterisch	Überschuss an Mevalonat, Cholesterin u. a. Sterole	Cholesterinmangel
hormonell	Katecholamine und Kortikosteroide (Phosphorylierung)	Insulin und Schilddrüsenhormone (Dephosphorylierung)

55 PDR Acetyl-CoA

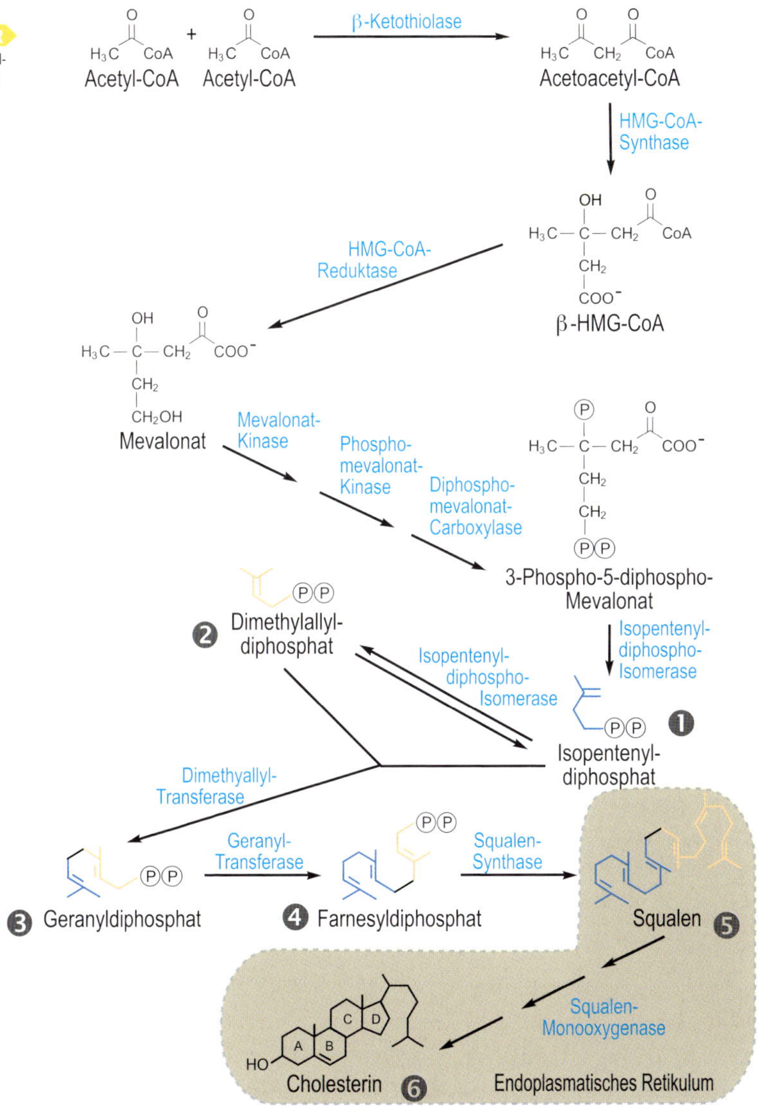

125 CDE Cholesterin

- Die Struktur des Cholesterins wirft für die Speicherung und den Transport einige Probleme auf. Auf der einen Seite ist es durch die Hydroxylgruppe nicht lipophil genug, um stabile Fetttröpfchen auszubilden. Auf der anderen Seite reicht die Polarität der Hydroxylgruppe nicht aus, um sich wie Fettsäuren zu Mizellen zusammenzulagern. Die Lösung dieser Probleme ist eine Veresterung der Hydroxylgruppe des Cholesterins mit einer Fettsäure. Dadurch wird das gesamte Molekül unpolar. Im ER wird dies durch die **Acyl-CoA-Cholesterin-Acyltransferase** (ACAT) ❶ und außerhalb der Zelle, im Blut, durch die **Lecithin-Cholesterin-Acyltransferase** (LCAT) ❷ erreicht. Freies Cholesterin wird in der hydrophilen Hülle und Cholesterinester werden im hydrophoben Kern von Lipoprotein-Komplexen im Blut transportiert.

- Ein Abbau des Cholesterins im Sinne einer vollständigen Zerlegung des Moleküls, wie er für andere Stoffklassen existiert, findet nicht statt. Vielmehr wird durch die Transformation zu **Gallensäuren** ❸ bzw. für die Biosynthese von Steroidhormonen das vorhandene Cholesterin modifiziert. Die Gallensäuren erfüllen im Darmtrakt als Bestandteil der Gallenflüssigkeit ihre Funktion als Emulgator für Cholesterin. Hier arbeitet der tierische Organismus sehr sparsam, indem er über den enterohepatischen Kreislauf einen Großteil der Gallensäuren aus dem Darm wieder zurückführt. Um den Tagesbedarf an Gallensäuren zu decken, muss somit nur der mit dem Fäzes ausgeschiedene Anteil neu synthetisiert werden.

- In der Nebennierenrinde und den Gonaden werden aus Cholesterin **Steroide** ❹ hergestellt. Sie werden in vier Verbindungsklassen eingeteilt: **Androgene** (Testosteron), **Östrogene** (Östradiol), **Glukocorticoide** (Cortisol) und **Mineralcorticoide** (Aldosteron). Anhand des Sterangerüstes lassen sich die Steroidhormone leicht von den Gallensäuren unterscheiden. Die relative Anordnung der Substituenten an C4/C5 ist in den **Gallensäuren** immer in **cis-Konfiguration** ❺, in den **Steroidhormonen** immer in **trans-Konfiguration** ❻.

121 CHO Cholesterin

Veresterung von Cholesterin

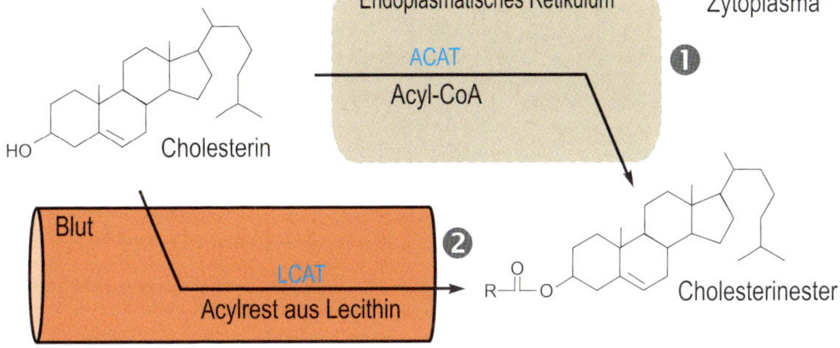

❸ Bildung von Gallensäuren

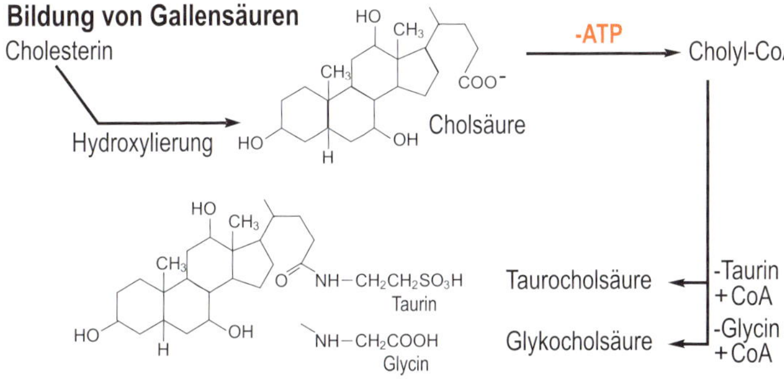

❹ Steroide

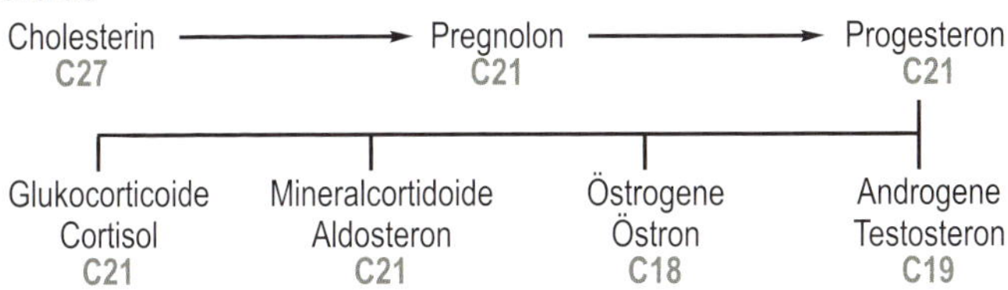

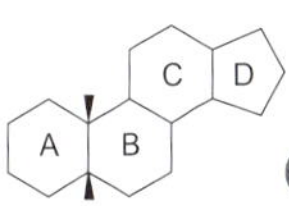

❺

cis = Gallensalz

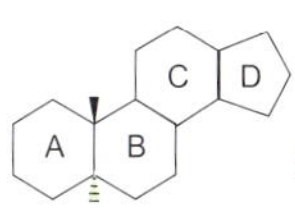

❻

trans = Steroid

- Neben Cholesterin sind die amphiphatischen **Phospholipide** elementare Komponenten der biologischen Membranen. Ihre Synthese ist deswegen nicht auf einen bestimmten Zelltyp beschränkt, sondern findet im Endoplasmatischen Retikulum (ER) und im Golgi-Apparat aller Zellen statt. Phospholipide sind an der Umsetzung äußerer Signale in zelluläre Antworten beteiligt **(Signaltransduktion)** und als **Emulgatoren** Bestandteil der Gallenflüssigkeit.

- Vier der wichtigsten Phospholipide ❶ enthalten ein Phosphatidyl-Grundgerüst und sind mit **Cholin** (Lecithin), **Ethanolamin** (Phosphatidyl-Ethanolamin), **Serin** (Phosphatidyl-Serin) oder **Inositol** (Phosphatidyl-Inositol) verestert.

- Die Synthese der Phosphatidylderivate wird wie die Triacylglycerinsynthese auf der zytoplasmatischen Seite des ER mit der Reaktion von **Glycerin-3-phosphat** (aus Glyceron/Glyceral-3-phosphat der Glykolyse) und **Acyl-CoA** zu **Phosphatidat** ❷ eingeleitet. Das Phosphatidat lagert sich in die Membran des ER ein und wird dort modifiziert. Über eine Dephosphorylierung und Addition eines aktivierten Cholinrestes (**CDP-Cholin**) entsteht aus Phosphatidat **Phosphatidyl-Cholin** ❸ (Lecithin). Lecithin stellt den größten Anteil der Phospholipide in der Membran.

- Der Abbau der Phospholipide ❹ wird durch Enzyme katalysiert, die sich auf die Spaltung der drei Esterbindungen spezialisiert haben. Je nach Spaltungstyp unterscheidet man die **Phospholipasen A** und **B**, die am Fettsäureester angreifen, sowie die **Phospholipase C**, die für die Spaltung am Phosphorsäureester zuständig ist.

Biosynthese und Abbau von Phospholipiden

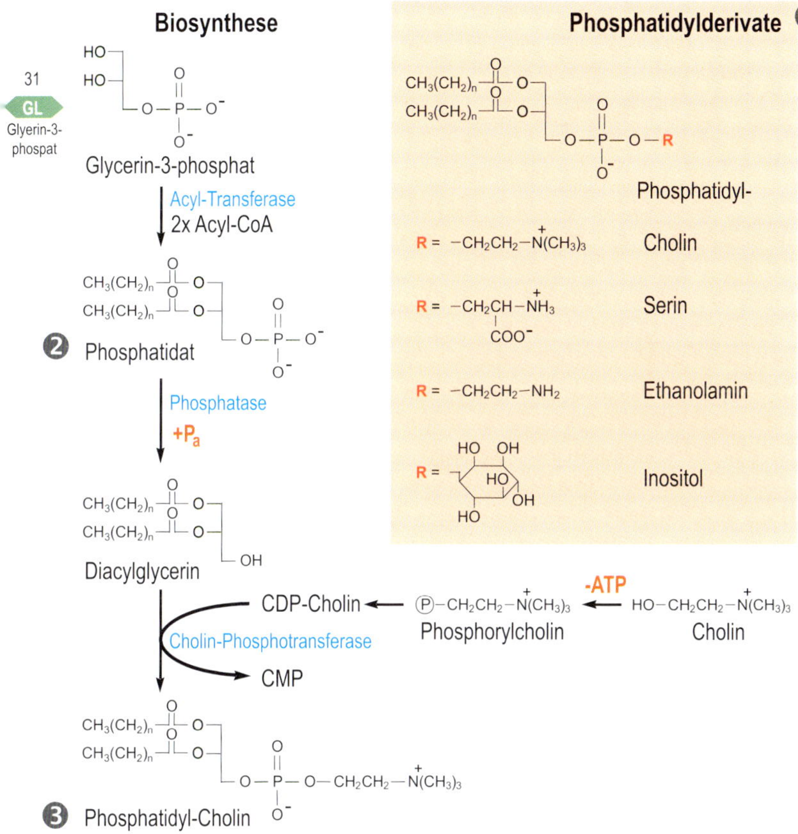

❹ Abbau

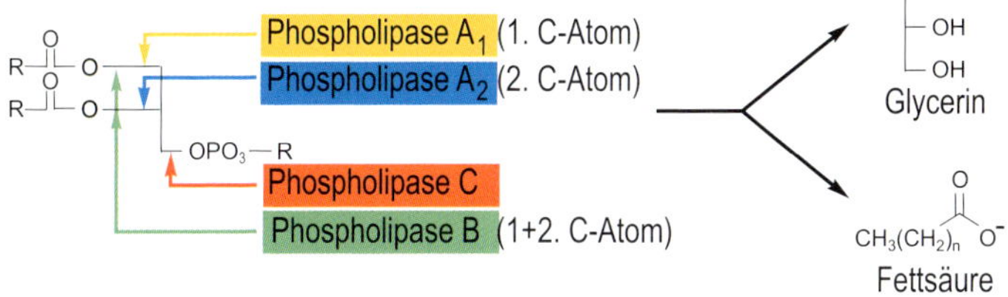

- Während Phospholipide vorwiegend am Aufbau der Membrandoppelschicht beteiligt sind, trifft man **Glykolipide** (Glykosphingolipide) hauptsächlich an der Oberfläche der Membran an. Dort bildet der Zuckeranteil des Glykolipids antennenartige Fortsätze aus, die Proteinen als spezifische Anlaufstellen zur Erkennung dienen und damit eine intrazelluläre Reaktion auslösen.

- Auch die Glykosphingolipide werden im Endoplasmatischen Retikulum und im Golgi-Apparat hergestellt. Aus Palmitoyl-CoA und Serin entsteht in drei Stufen **Sphingosin** ❶, das durch Acylierung zum **Ceramid** ❷ umgesetzt wird. Ceramid stellt den Knotenpunkt verschiedener Lipidsynthesewege dar, die in zum Teil mehreren Stufen bei den Gangliosiden, Cerebrosiden, Sulfatiden oder beim Sphingomyelin, einem Phospholipid, enden. Im Einzelnen führt die Addition von PhosphatidylCholin zum **Sphingomyelin** ❸, die Addition von UDP-Galaktose oder UDP-Glukose zu den **Cerebrosiden** und die Addition von mehreren Zuckermolekülen (Glukose, Galaktose, Galaktosamin, N-Acetylneuraminsäure) zu den **Gangliosiden** ❹. Bei den **Sulfatiden** ❺ ist der Zuckerrest eines Cerebrosids mit Schwefelsäure verestert.

- Zur Gruppe der Lipide gehören auch **fettlösliche Vitamine** ❻. Die Vitamine A, D, E und K basieren in ihrer Grundstruktur auf Isopreneinheiten, die zu Ringen und Ketten zusammengelagert sind (→ S. 170). **Vitamin D** ist in dieser Reihe insofern eine Ausnahme, als dass es durch Photooxidation vom menschlichen Organismus bei ausreichender UV-Einstrahlung aus 7-Dehydrocholesterin selbst hergestellt werden kann. Es wird daher zu den Hormonen gezählt.

- **Vitamin A** ist durch seine Beteiligung am Sehvorgang bekannt. Als Δ^{11}-cis-Retinal reagiert es auf Lichteinfall mit einer Konformationsumwandlung zu all-trans-Retinal, was letztendlich als Lichtsignal an den Sehnerv vermittelt wird. Das Retinal wird mit der Nahrung aufgenommen oder entsteht im Körper aus β-Carotin (Provitamin A). Es kann reversibel in die Derivate Retinol und Retinylester umgewandelt werden.

111 FS Palmitoyl-CoA

83 NAS Serin

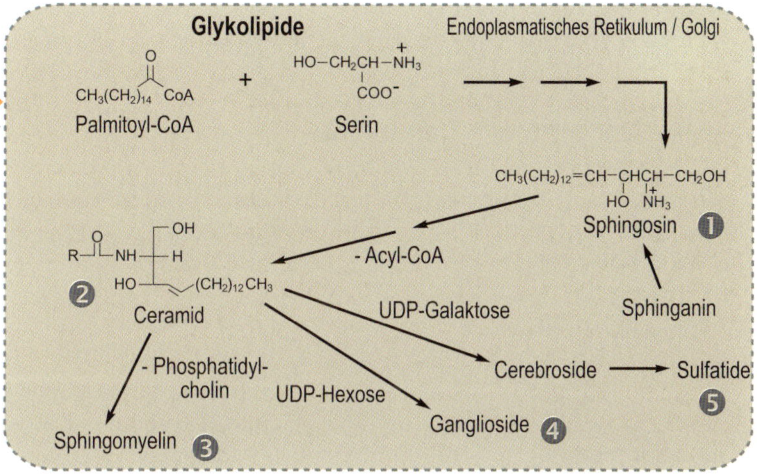

6 Fettlösliche Vitamine

Funktionen, z. B.

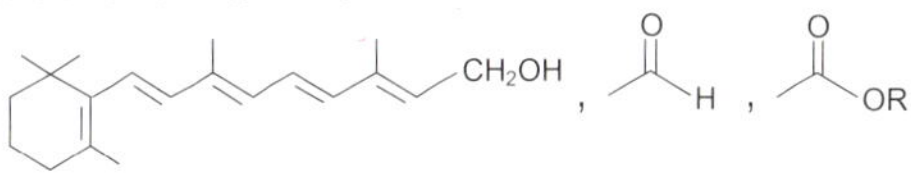

all-trans-Retinol (Vit. A) , -Retinal,-Retinolester

beteiligt am Sehvorgang

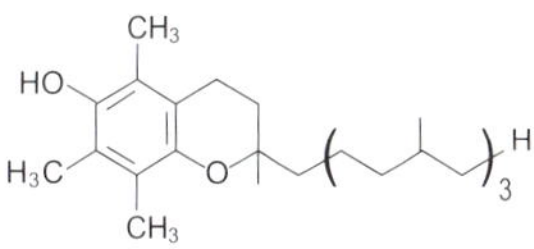

α-Tocopherol (Vit. E)

Oxidationsschutz für Fettsäuren

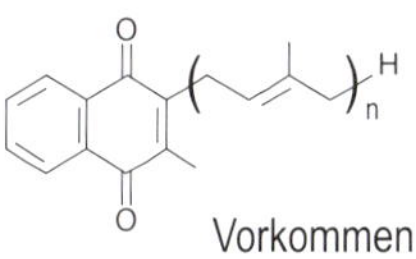

Carboxylierung der Blutgerinnungsfaktoren

Vorkommen
Phyllochinon (Vit. K_1) pflanzlich (n=4)
Menachinon (Vit. K_2) bakteriell (n=5-6)

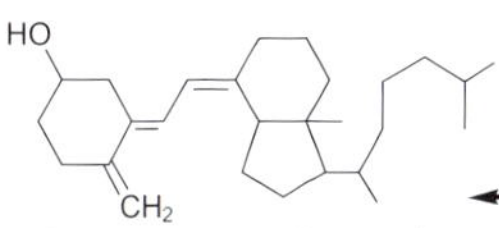

Cholecalciferol (Vit. D_3)

Regulation des Plasmacalciumspiegels

UV-Licht ← Oxidation — 7-Dehydrocholesterin

- **Risikofaktor Cholesterin**
  Bei erhöhten Lipoproteinwerten spricht man von **Hyperlipoproteinämie** (HLP). Die Ursachen sind entweder genetisch (primäre HLP) oder etwa durch Übergewicht, Diabetes mellitus oder Pankreatitis bedingt. Zwei Lipoproteinfraktionen sind von besonderer Bedeutung: „low density lipoproteins" **(LDL)** und „high density lipoproteins" **(HDL)**. Vermehrte LDL spiegeln sich in einem erhöhten Cholesterinspiegel wider. Sie stehen in direktem Zusammenhang mit dem Risiko einer frühzeitigen und beschleunigten Entwicklung von **Arteriosklerose**. Bedingt durch ihre Funktion im Cholesterinrücktransport sind HDL der positive Gegenpol zu LDL. Entsprechend bedeutet hohes HDL-Cholesterin ein vermindertes Arteriosklerose-Risiko.
  Zu einer ersten Diagnose einer HLP wird u. a. der Gesamtcholesterinwert bestimmt, der bei 120–200 mg/dl Blut liegen sollte. Genauere Auskünfte geben die aufgeschlüsselten Werte von **LDL-Cholesterin** (<150 mg/dl bzw. 3,87 mmol/l) und **HDL-Cholesterin** (>50 mg/dl bzw. 1,3 mmol/l). Eine Differenzierung in verschiedene Fettstoffwechselstörungen wird durch die Betrachtung aller Blutfettwerte möglich (→ Grafik S. 131).
  Ein therapeutischer Ansatzpunkt bei Hypercholesterinämie ist die Hemmung der endogenen Cholesterinproduktion. Durch die Hemmung der **HMG-CoA-Reduktase** wird weniger Cholesterin produziert und somit der Anteil im Blut gesenkt. Generell wird jedoch mit einer Ernährungstherapie begonnen, die durch die pharmakologische Therapie erweitert werden kann. Als letzte Möglichkeit, etwa bei schwerer Hypercholesterinämie, kommt Blutwäsche (LDL-Apherese) in Frage.

i Damit Lipide im Blut transportiert werden können sind Lipoproteine notwendig. Lipoproteine bestehen aus einem polaren Proteinanteil, den Apoproteinen, und dem unpolaren Lipidkern. Die hydrophoben Lipide werden dabei von einer Proteinhaut aus Apoproteinen umspannt und können auf diese Weise ungehindert durch das Blut zur Zielzelle gelangen. Lipoproteine werden anhand ihrer Dichte in vier Hauptklassen eingeteilt. Die geringste Dichte und deswegen größte Ausdehnung besitzen die Chylomikronen, es folgen mit steigender Dichte VLDL, LDL, IDL und HDL (very low, low, intermediate und high density lipoproteins).

STOFFWECHSEL DER LIPOPROTEINE

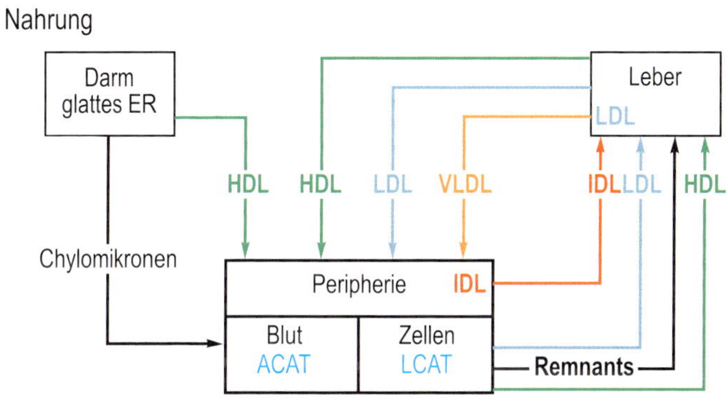

STÖRUNGEN DES LIPIDSTOFFWECHSEL

Erkrankung	Erhöhte Werte von
Hypercholesterinämie	LDL
Hyperlipidämie	LDL, VLDL, IDL
Hypertriglyceridämie	VLDL, Chylomikronen

HMG-COA-REDUKTASEHEMMER

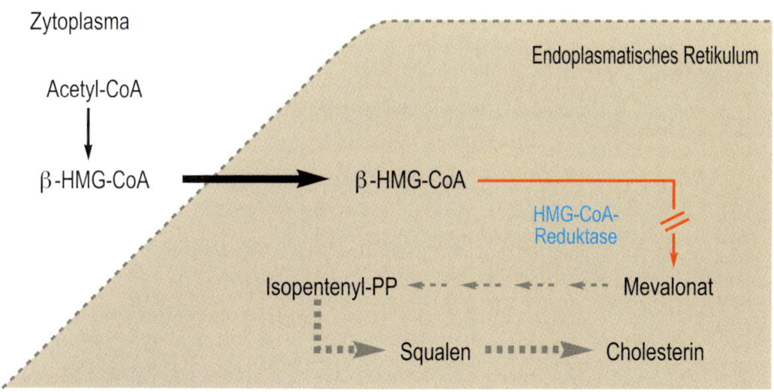

- **Eikosanoide-Mediatoren**
  Von der **Arachidonsäure** leiten sich die Eikosanoide (Prostaglandine, Thromboxan, Leukotriene) ab, die als lokal begrenzte Botenstoffe (Mediatoren) u. a. Signale bei einer Entzündungsreaktion übermitteln. An der Synthese sind die Enzyme Cyclooxygenase und Lipoxygenase beteiligt, wobei die Cyclooxygenase (COX) in zwei Isoformen, **COX I** und **COX II**, existiert. Der durch die Cyclooxygenase katalysierte Syntheseweg führt zu den Prostaglandinen und Thromboxanen. Die **Lipoxygenase** bildet Leukotriene, die an allergischen Reaktionen und Immunreaktionen beteiligt sind.
  Die Wirkung von entzündungshemmenden Medikamenten, wie z. B. **Acetylsalicylsäure** (ASS), ist durch den Eingriff in die Synthese der Prostaglandine zu erklären. Das Prostaglandin E_2 (PG E_2), welches über COX I gebildet wird, schützt durch eine erhöhte Schleimproduktion die Magenschleimhaut. Die Isoform COX II erzeugt PG E_2 zum Einsatz im Entzündungsgeschehen, wodurch die Symptome Schmerz, Schwellung und Fieber entstehen. Da ASS beide Isoformen irreversibel blockiert (Regeneration nach ca. einer Woche), muss die eigentlich unerwünschte Hemmung der COX I in Kauf genommen werden, um die entzündungshemmende Wirkung nutzen zu können. Der Schutz der Magenschleimhaut wird vermindert und als Nebenwirkung können Magengeschwüre auftreten. Eine bessere Verträglichkeit soll durch die so genannten COX-II-Hemmer erreicht werden, die gezielt nur diese Form der Cyclooxygenase deaktivieren. Neueste Erkenntnisse haben ergeben, dass die Einnahme von COX II-Hemmern eine erhöhte Herzinfarkthäufigkeit zur Folge hat. Dadurch sind diese Wirkstoffe zur Zeit negativ besetzt.

- **Lipidosen**
  Lipidosen sind Erkrankungen, bei denen die Lipidspeicherung gestört ist. Diese genetischen Stoffwechseldefekte führen zu schädlichen Lipidablagerungen in zahlreichen Geweben vor allem in Zellen des retikulohistiozytären Systems (u. a. Milz und markhaltige Knochen). Als Beispiel sei an dieser Stelle die autosomal-rezessiv vererbte Sphingolipidose des **Morbus Gaucher** (Häufigkeit 1:40.000) genannt. Ein Defekt im Gen der **β-Glukosidase** führt zu Ablagerungen eines Glukocerebrosids in den Fresszellen (Makrophagen). Durch das Injizieren einer modifizierten β-Glukosidase gelingt es, diese Krankheit erfolgreich zu behandeln.

ENTZÜNDUNGSHEMMENDE MITTEL

	Wirkstoff	Hemmung COX I	Hemmung COX II
A	Acetylsalicylsäure	⊖ ⊖	⊖
B	Ibuprofen, Diclofenac	⊖	⊖
C	Rofecoxib, Celecoxib		⊖ ⊖

Effekte der Wirkstoffe

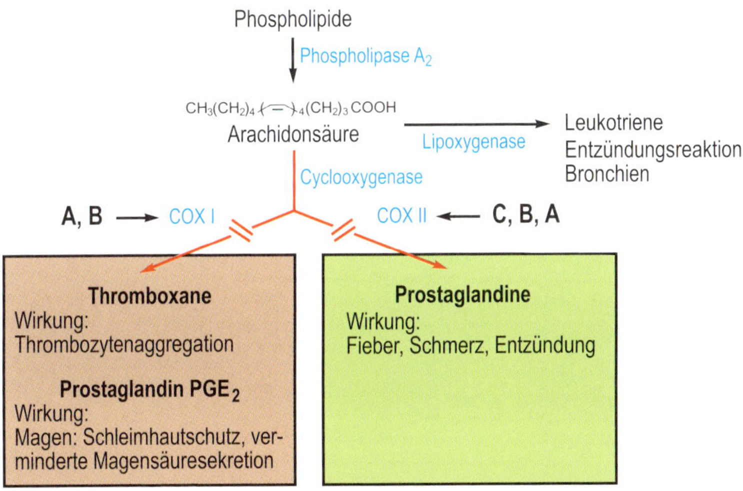

LIPIDOSEN

Beispiel: Morbus Gaucher

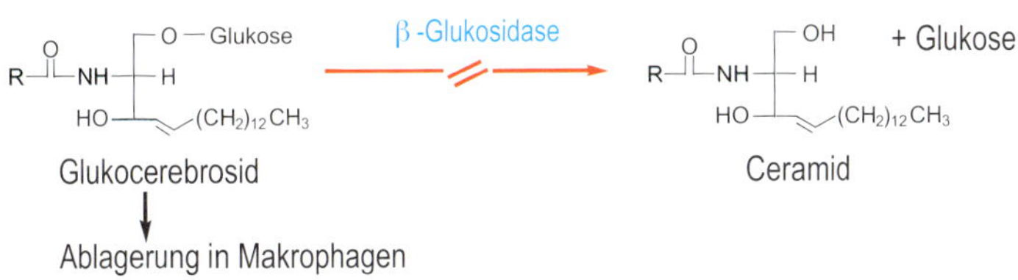

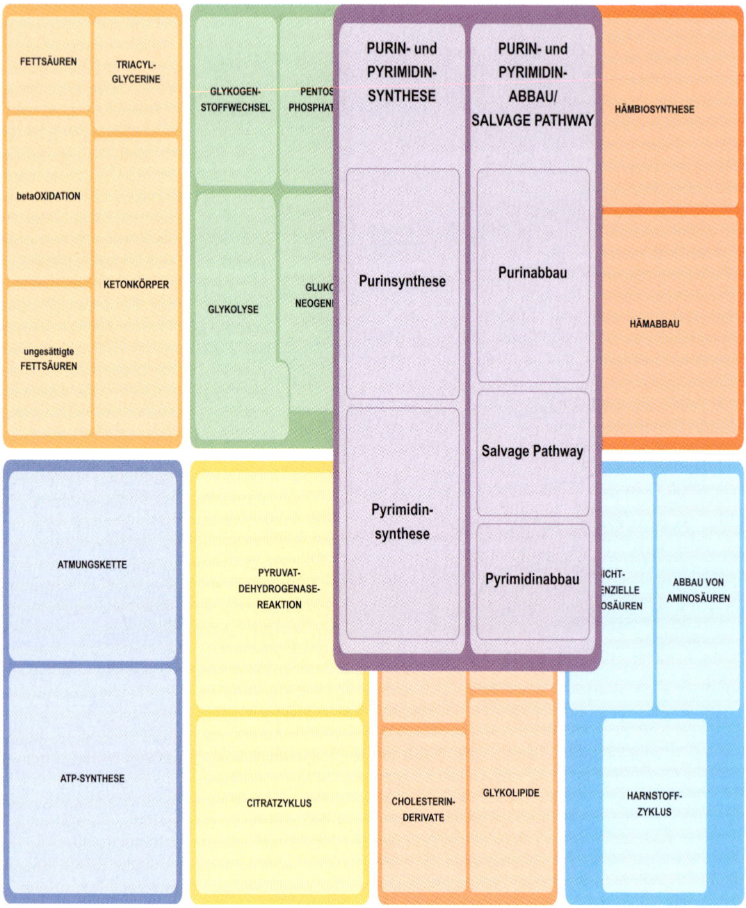
FETTSÄUREN
TRIACYL-GLYCERINE
betaOXIDATION
KETONKÖRPER
ungesättigte FETTSÄUREN
GLYKOGEN-STOFFWECHSEL
PENTOS PHOSPHAT
GLYKOLYSE
GLUKO NEOGEN
PURIN- und PYRIMIDIN-SYNTHESE
Purinsynthese
Pyrimidin-synthese
PURIN- und PYRIMIDIN-ABBAU/ SALVAGE PATHWAY
Purinabbau
Salvage Pathway
Pyrimidinabbau
HÄMBIOSYNTHESE
HÄMABBAU
ATMUNGSKETTE
ATP-SYNTHESE
PYRUVAT-DEHYDROGENASE-REAKTION
CITRATZYKLUS
CHOLESTERIN-DERIVATE
GLYKOLIPIDE
ABBAU VON AMINOSÄUREN
HARNSTOFF-ZYKLUS

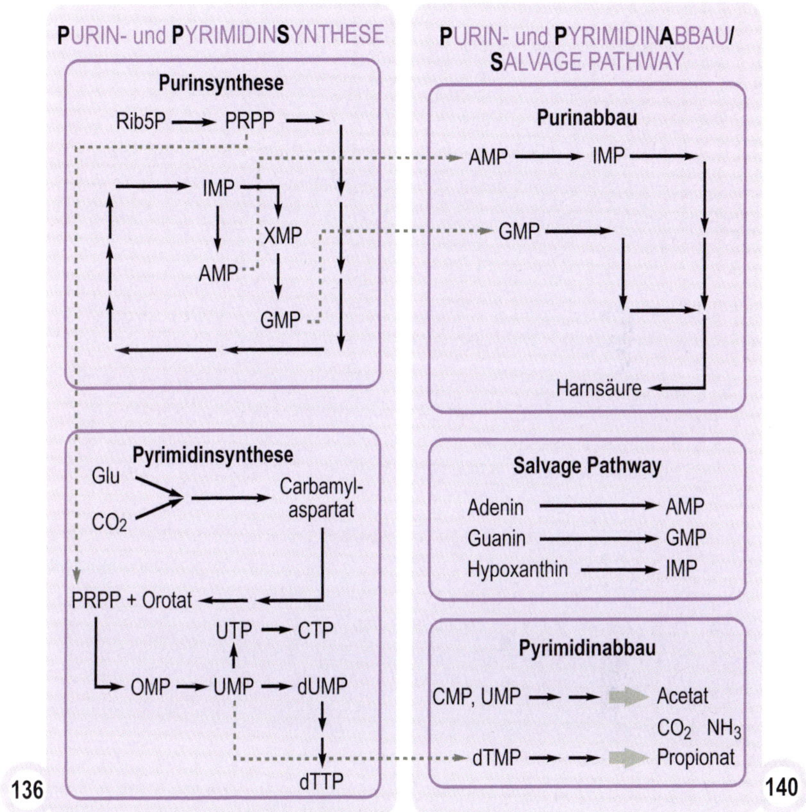

Bausteine der Purinbiosynthese

AICAR	5-Aminoimidazol-4-carboxamidribonukleotid
AIR	5-Aminoimidazolribonukleotid
CAIP	5-Aminoimidazol-4-carboxylatribonukleotid
FAICAR	5-Formamidoimidazol-4-carboxamidribonukleotid
FGAM	Formylglycinamidinribonukleotid
FGAR	Formylglycinamidribonukleotid
GAR	Glycinamidribonukleotid
PRA	Phosphoribosylamin
PRPP	Phosphoribosylpyrophosphat
SAICAR	5-Aminoimidazol-4-N-succinocarboxamidribonukleotid

Für jeden Organismus ist die stetige Bereitstellung von Purin- und Pyrimidinderivaten zur Synthese von Nukleosiden und Nukleotiden lebensnotwendig. Für Purinbasen gibt es neben der kompletten Neusynthese auch einen Wiederverwertungsmechanismus, der sich der Purinderivate aus der Nahrung und dem Gesamtstoffwechsel bedient.

- Die Synthesen der Purine und Pyrimidine gliedert sich an den Pentosephosphatweg an. Die Purinbiosynthese beginnt mit dem dort gebildeten **Ribose-5-phosphat** ❶, das zunächst zum Phosphoribosylpyrophosphat (PRPP) aktiviert wird. **PRPP** ❷ bildet dann den Ausgangspunkt für die weitere Ringsynthese. Zunächst wird aus Glutamin eine Amingruppe für den ersten Stickstoff (N9) des Fünfrings übertragen. Dabei entsteht **Phosphoribosylamin** ❸ (PRA), an das alle weiteren Atome angehängt werden. In der Reihenfolge C4, C5 und N7 aus Glycin, C8 aus Formyl-Tetrahydrofolsäure (Formyl-THF), N3 aus Glutamin, C6 aus Hydrogencarbonat, N1 aus Aspartat und zuletzt C2 aus Formyl-THF wird das Purinringsystem zum **Inosinmonophosphat** ❹ (IMP) zusammengesetzt.

- Ausgehend vom IMP kann sowohl **Adenosinmonophosphat** ❺ (AMP) als auch **Guanosinmonophosphat** ❻ (GMP) hergestellt werden. Durch die Anlagerung von Aspartat an C6 wird eine Aminogruppe eingeführt und es entsteht nach Abspaltung von Fumarat AMP. Das Di- und Triphosphat kann daraus durch entsprechende Phosphat- oder Diphosphat-Kinasen erzeugt werden.

- Um **Guanintriphosphat** (GTP) herzustellen muss am Inosin eine Aminogruppe an C2 eingeführt werden. Hierbei wird zuerst durch Oxidation Xanthosinmonophosphat gebildet. Dann wird über Glutamin eine Aminogruppe zum GMP eingeführt. Die Di- und Triphosphate werden wie beim AMP durch Phosphorylierung des Monophosphats gebildet.

i Desoxyribonukleotide, die zur Herstellung von DNA benötigt werden, müssen aus den entsprechenden Ribosylverbindungen durch die Ribonukleotid-Reduktase reduziert werden.

Purinbiosynthese

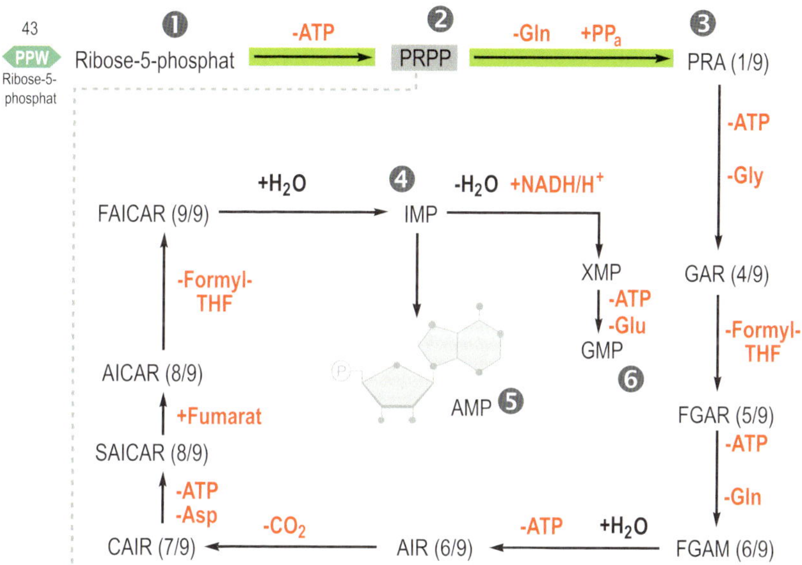

Regulation

Pyrimidinbiosynthese

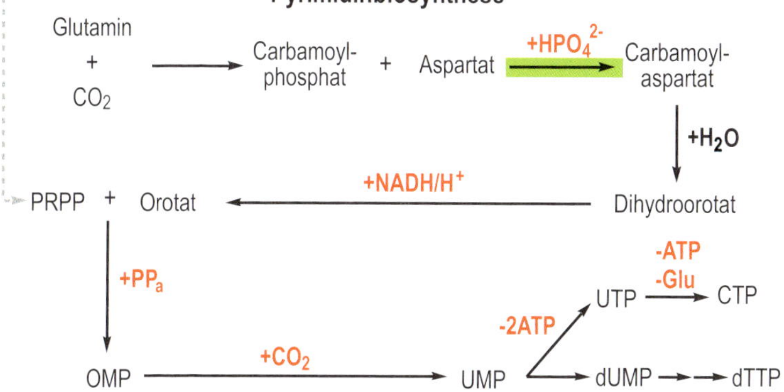

- Der fortwährende Nukleinsäurebedarf, sei es zur RNA-Herstellung oder zur DNA-Synthese, erfordert eine stetige Versorgung an Nukleotiden. Die Regulation der Purinbiosynthese erfolgt auf der Stufe der **Pyrophosphokinase** und der **Amido-Phosphoribosyl-Transferase**. Ein System aus drei Rückkopplungsmechanismen steuert die Reaktionen vom Ribose-5-phosphat zu PRPP und von dort zum 5-Phosphoribosylamin. Außerdem hemmen die Endprodukte AMP und GMP ihre eigenen Synthesen. ATP und GTP aktivieren die Synthese des jeweils anderen Nukleotids.

Tab. 9 Regulation Purin-Biosynthese

Enzym/Synthese	gehemmt durch	aktiviert durch
Pyrophosphokinase	IMP ↑, AMP ↑, GMP ↑	IMP ↓, AMP ↓, GMP ↓
Amido-Phosphoribosyl-Transferase	IMP ↑, AMP ↑, GMP ↑	IMP ↓, AMP ↓, GMP ↓
Synthese von AMP aus IMP	AMP ↑	GTP
Synthese von GMP aus IMP	GMP ↑	ATP
ATP-Synthese		GTP ↑
GTP-Synthese		ATP ↑

- Die Synthese der Pyrimidinnukleotide beginnt nicht wie die der Purine mit der Synthese des Ribosylteils sondern mit der Herstellung der Base. Aus **Carbamoylphosphat** und **Aspartat** ❶ werden in einem Schritt alle Atome für das Pyrimidinsystem verkettet und in insgesamt drei Stufen entsteht die Orotsäure (Orotat) mit dem charakteristischen Pyrimidin-Grundgerüst. Daran wird der Ribosylteil angehängt, es bildet sich **Orotidinmonophosphat** ❷ (OMP), das im nächsten Syntheseschritt zu **Uridinmonophosphat** ❸ (UMP) decarboxyliert wird. Aus UMP entsteht durch zweifache Phosphorylierung **Uridintriphosphat** (UTP), das als Ausgangspunkt für die Synthese von **Cytidintriphosphat** ❹ (CTP) dient. Hierzu wird eine Aminogruppe von Glutamin auf die Uridin-Ketogruppe an das C6 der Pyrimidin-Base übertragen. Thymin, dessen Nukleotid nur in der DNA vorkommt, wird durch Methylierung von **Desoxy-UMP** (dUMP) gebildet. Diese Reaktion ist der geschwindigkeitsbestimmende Schritt der gesamten DNA-Synthese und das Produkt, **Desoxythymidintriphosphat** ❺ (dTTP), wirkt als allosterischer Hemmfaktor auf die Carbamoyl-Transferase. Die Regulation der Pyrimidinsynthese erfolgt über die Aktivität des für die Pyrimidinsynthese spezifischen Enzyms Carbamoylphosphat-Synthetase II. Es wird durch UTP gehemmt und durch PRPP aktiviert.

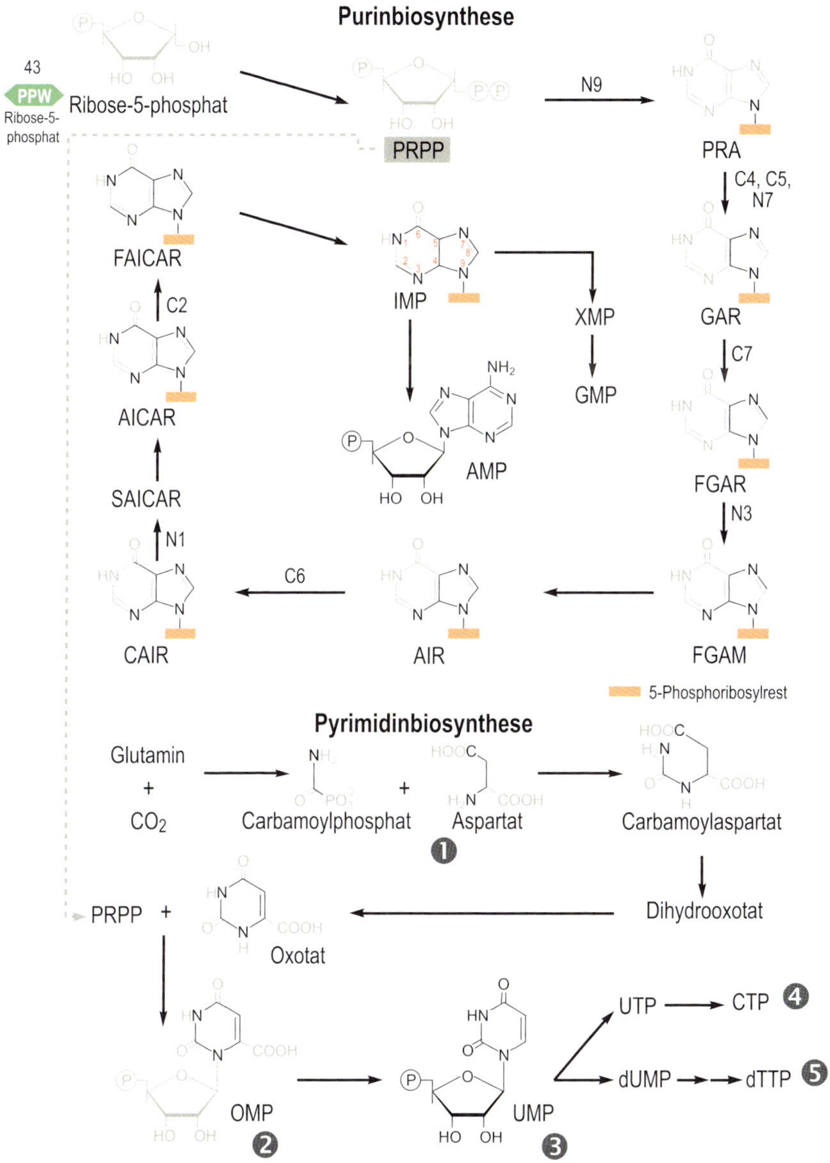
Purinbiosynthese
43
PPW
Ribose-5-phosphat
Ribose-5-phosphat
PRPP
N9
PRA
C4, C5, N7
GAR
C7
FGAR
N3
FGAM
AIR
C6
CAIR
N1
SAICAR
AICAR
C2
FAICAR
IMP
XMP
GMP
AMP
5-Phosphoribosylrest
Pyrimidinbiosynthese
Glutamin
+
CO_2
Carbamoylphosphat
+
Aspartat
1
Carbamoylaspartat
Dihydrooxotat
PRPP +
Oxotat
OMP
2
UMP
3
UTP
CTP
4
dUMP
dTTP
5

- **Purinnukleotide** (Adenin, Inosin, Xanthosin und Guanin) können vom menschlichen Organismus nur bis zur **Harnsäure** abgebaut werden. Da diese sehr schlecht wasserlöslich ist, ergeben sich daraus weitreichende Folgen bei fortwährender purinreicher Kost (→ S. 142). Der Abbau der Purinnukleotide startet mit einer Umwandlung der verschiedenen Purine zu **Xanthin**. **Adenosinmonophosphat** (AMP) wird zunächst zum **Inosin** desaminiert ❶. Im folgenden Schritt entsteht **Hypoxanthin** ❷, das durch die Xanthin-Oxidase zu **Xanthin** oxidiert wird. Bei **Guanosinmonophosphat** (GMP) verläuft der Abbau umgekehrt, hier wird der Phosphoribosylrest zuerst abgespalten, so dass **Guanin** ❸ entsteht. Danach wird die Aminogruppe durch eine Ketogruppe ersetzt. So entsteht ebenfalls Xanthin ❹. Die Xanthin-Oxidase setzt dann das Xanthin zu **Harnsäure** ❺ um, die später über die Nieren ausgeschieden wird.

- Die Rückgewinnung der Purinderivate spielt eine besondere Rolle , denn der größte Teil des Bedarfs an Purinnukleotiden wird durch diesen Weg und nicht durch Neusynthese gedeckt. Der so genannte **Salvage Pathway** (Bergungsweg) ermöglicht die Wiederverwertung der freien Purinbasen Adenin, Guanin und Hypoxanthin. Für die Adeninkonvertierung zu AMP ist das Enzym **Adenin-Phosphoribosyl-Transferase** ❻ (APRT) zuständig. Analog gibt es für Hypoxanthin und Guanin das Enzym **Hypoxanthin-Guanin-Phosphoribosyl-Transferase** ❼ (HGPRT), das in der Lage ist, aus den beiden Basen und PRPP die entsprechenden Monophosphate herzustellen.

- Der Abbau der Pyrimidinnukleotide beginnt mit der Dephosphorylierung über das Monophosphat bis zum Nukleosid. **CMP** und **UMP** werden bis zur Base **Uracil** abgebaut ❽ und aus **dTMP** entsteht entsprechend **Thymin** ❾. Die Basen Uracil und Thymin reagieren dann in drei Schritten zu β-Alanin bzw. zu β-Aminobutyrat. Am Ende entsteht daraus **Acetat** und **Propionat**, die beide in Form von Acetyl-CoA und Propionyl-CoA in den Citratzyklus eingehen und unter Energiegewinn oxidiert werden können.

Purinabbau

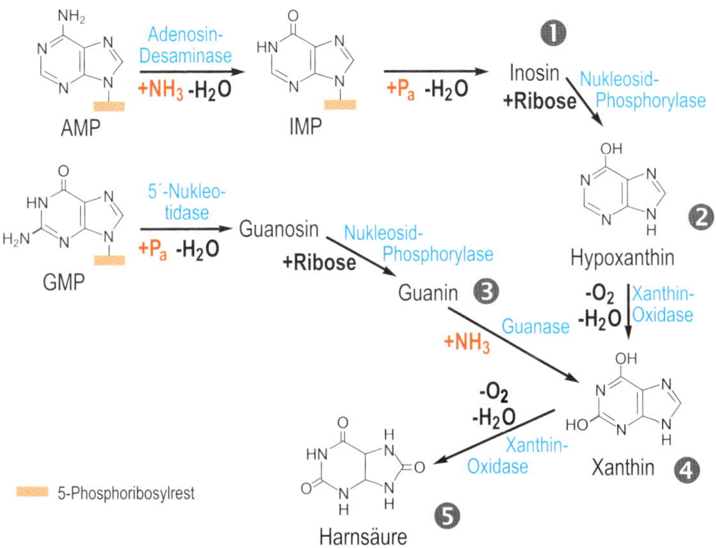

Salvage Pathway – Wiederverwertung der Purinbasen

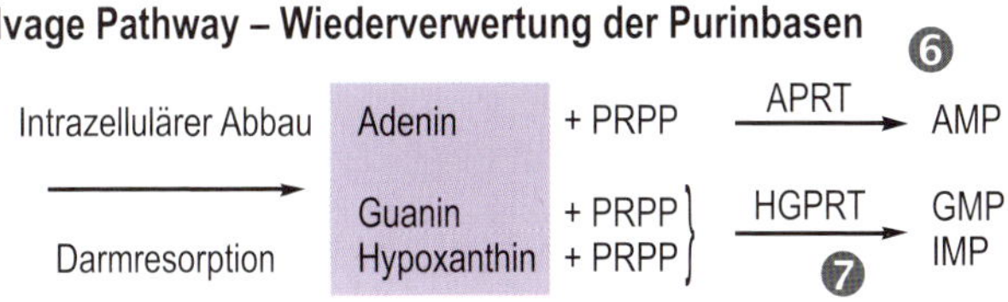

Pyrimidinabbau

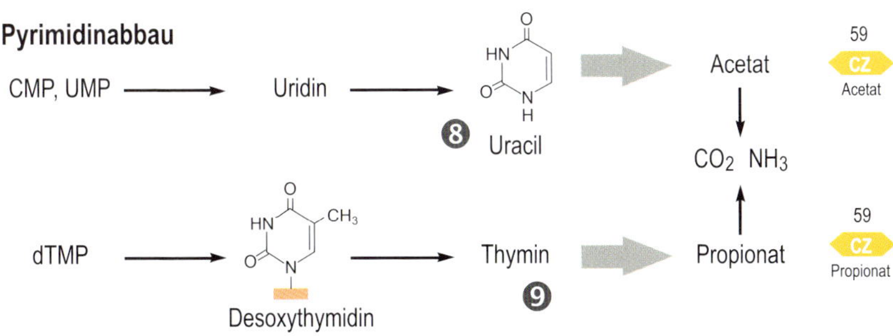

- **Hyperurikämie – Gicht**
  Hyperurikämie ist eine sehr häufige Stoffwechselstörung, die bei einigen Menschen zur Entwicklung einer Gicht führen kann. Bei Harnsäurekonzentrationen über 6,4 mg/dl (>380 µmol/l) Blut steigt die Wahrscheinlichkeit eines akuten Gichtanfalls. Dies bedeutet, dass die schwer lösliche **Harnsäure** auskristallisiert und schmerzhafte Entzündungsreaktionen in den Gelenken auslöst. Die Erklärung hierfür ist das temperaturabhängige Löslichkeitsverhalten der Harnsäure und ihres Salzes **Natriumurat**. Beide sind bei Kälte schwer löslich, so dass sie an den kältesten Stellen im Körper auskristallisieren und Entzündungen hervorrufen. Dies geschieht typischerweise in den Zehengrundgelenken (Podagra). In der Regel liegt die Ursache der Hyperurikämie in einer verminderten Ausscheidung von Natrium- bzw. Dinatriumurat durch die Nieren. Dies ist in 90 % aller Fälle genetisch bedingt. Die Krankheit manifestiert sich bei Übergewicht und purinreicher Kost.
  Therapeutisch lässt sich dem zunächst mit einer purinarmen Diät mit Verzicht auf Fleisch und Alkohol entgegenwirken. Alkohol ist deswegen schädlich, weil durch die Alkohol-Dehydrogenase der Blut-pH-Wert abgesenkt wird und dies zusätzlich die Löslichkeit der Harnsäure verringert. Eine andere Möglichkeit ist die Gabe von **Allopurinol**, einem Strukturanalogon von Hypoxanthin, das die **Xanthinoxidase** kompetitiv hemmt und damit den Abbau der Harnsäure auf der Stufe des Hypoxanthins bzw. Xanthins stoppt. Beide Verbindungen lösen sich gut in wässrigem Millieu und können deswegen auch besser ausgeschieden werden.

- **Lesch-Nyhan-Syndrom**
  Das Lesch-Nyhan-Syndrom (Kindergicht) tritt nur bei Jungen auf und wird durch einen genetischen Defekt in der HGPR-Transferase (HGPRT) hervorgerufen. Dadurch arbeitet das Wiederverwertungssystem für Purinderivate (Salvage Pathway) nicht mehr mit voller Leistung und es wird zu viel Harnsäure produziert. Bleibt die Erkrankung unerkannt, verursachen die resultierenden hohen Blutharnsäurewerte schwere Schäden im zentralen Nervensystem.

HYPERURIKÄMIE–GICHT

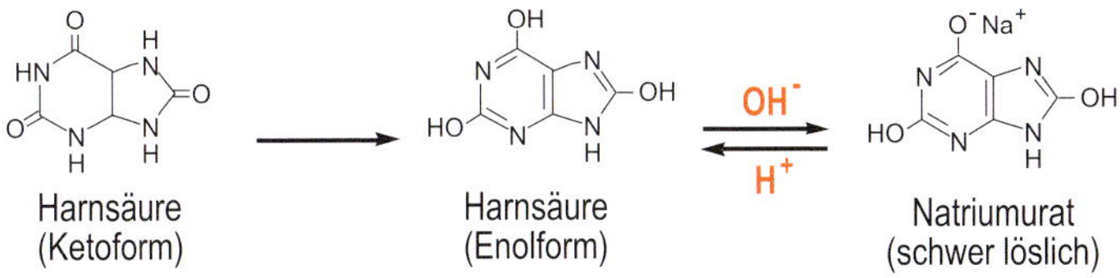

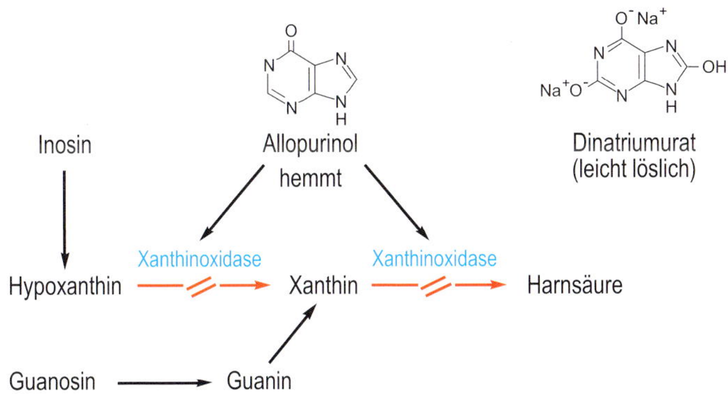

LESCH-NYHAN-SYNDROM

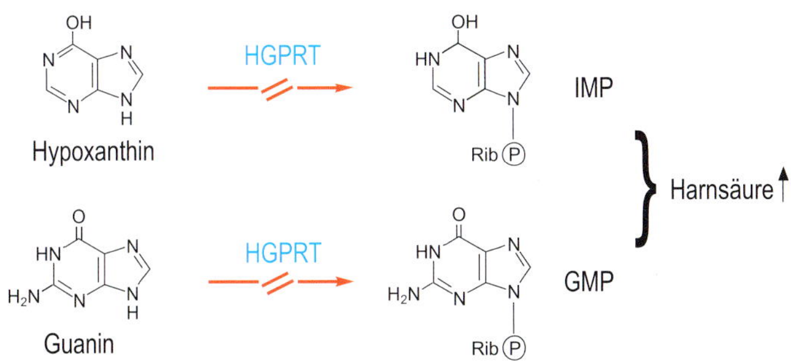

- **Nukleosidmedikamente**
  Die Purin- und Pyrimidinbiosynthese kann durch synthetische Nukleotide gehemmt werden. Diese Verbindungen sind hauptsächlich Strukturanaloge der natürlichen Substrate und werden von den entsprechenden Enzymen gebunden. So wird 3-Deaza-Uridin von der Zelle aufgenommen, phosphoryliert und wirkt als Zytostatikum, da es die OMP-Decarboxylase in der Pyrimidin-Synthese hemmt. Viruserkrankungen können etwa mit Ribavirin (hauptsächlich bei Hepatitis C) behandelt werden. Es hemmt die Purinsynthese, speziell die Synthese der Guaninribonukleotide und Guanindesoxyribonukleotide, indem es die IMP-Dehydrogenase blockiert. Ebenfalls in der Tumortherapie können Verbindungen eingesetzt werden, die die Ribonukleotid-Reduktase inaktivieren. Dadurch werden keine Desoxyribonukleotide mehr gebildet und das Zellwachstum verlangsamt sich. Ein Vertreter aus dieser Klasse ist der Hydroxyharnstoff (Leukämietherapie).

- **Folsäuremangel**
  Folsäure spielt eine wichtige Rolle bei allen Zellbildungs- und Zellteilungsprozessen. Folsäure ist als Formyl-Tetrahydrofolat in der Purinsynthese an zwei Stellen als Kohlenstoffquelle notwendig. Die Atome C2 und C8 im Puringerüst stammen aus dem Einbau eines Formylrestes. Ein diagnostisches Merkmal bei Folsäuremangel sind die sehr großen und überfärbten Erythrozyten, die noch Kernreste enthalten. Ein Folsäuremangel während einer Schwangerschaft kann sich besonders drastisch auswirken. Bei länger anhaltendem Defizit kommt es zu Entwicklungsstörungen der Nervenzellbildung am Embryo, der in Folge mit einem offenen Neuralrohr geboren werden kann. Folsäuremangel ist die häufigste Vitaminmangelerscheinung in den westlichen Industrieländern.

NUKLEOSIDMEDIKAMENTE

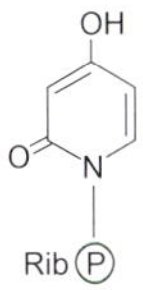

3-Deaza-Uridin

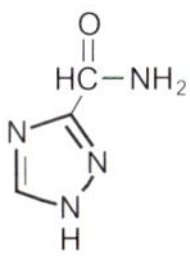

Ribavirin

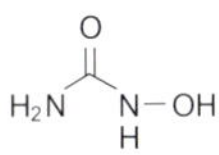

Hydroxyharnstoff

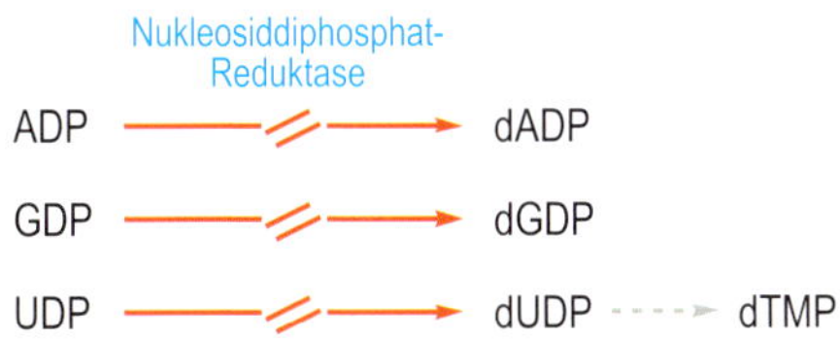

FOLSÄUREMANGEL

Puringrundgerüst

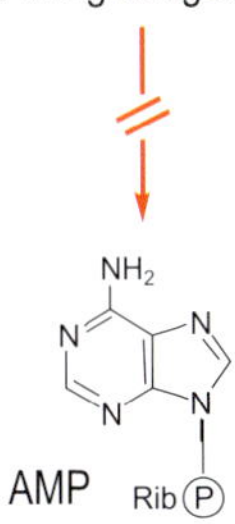

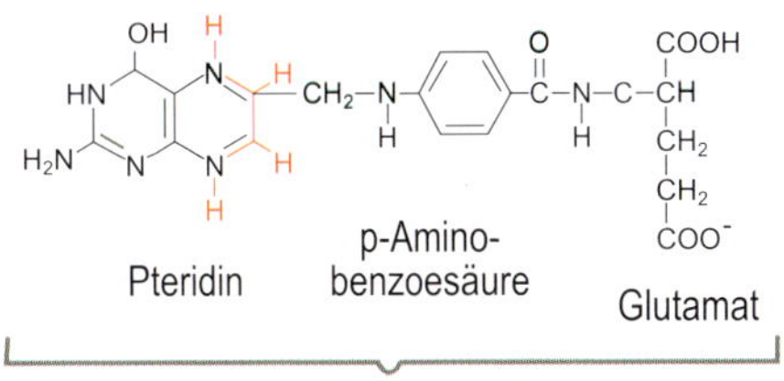

Folsäure

Tetrahydrofolat

Hämstoffwechsel

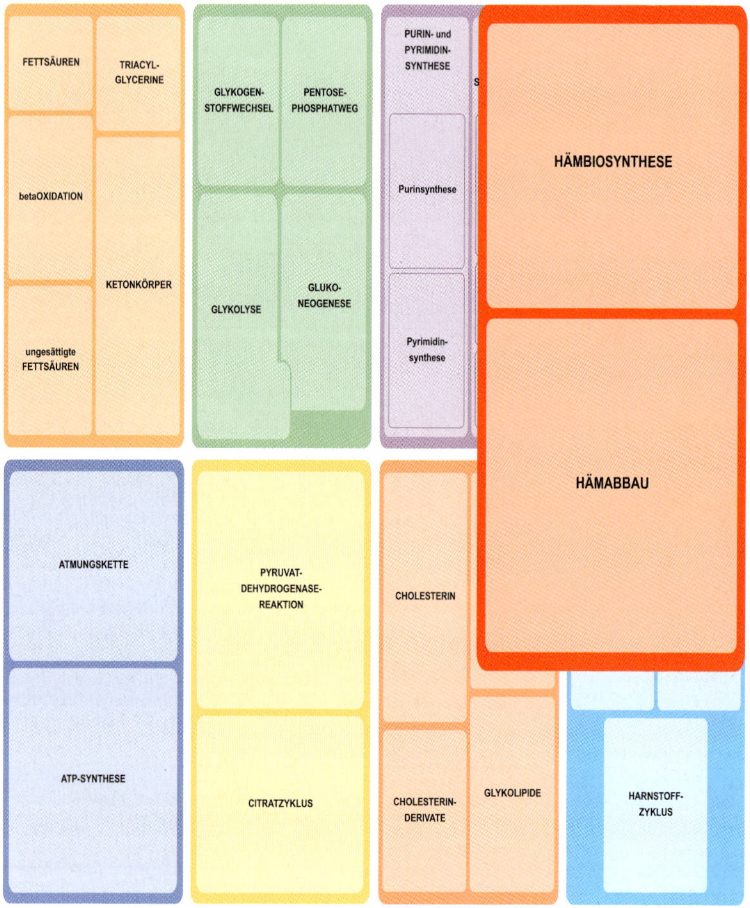

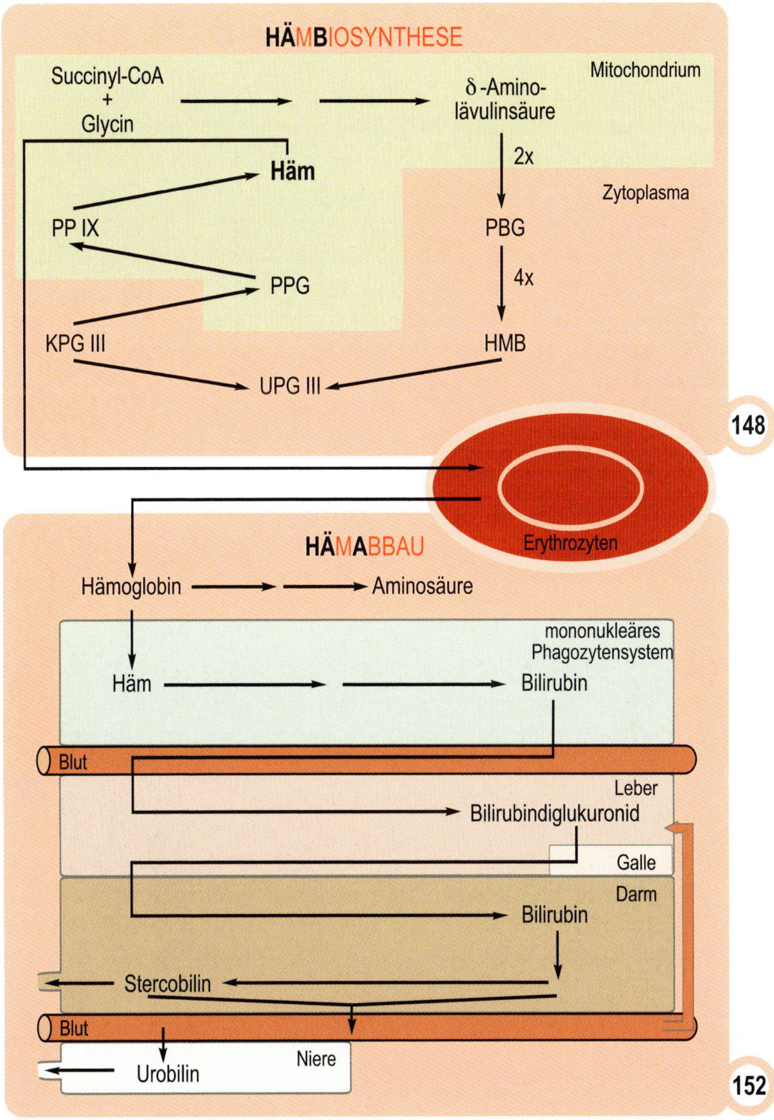
HÄMBIOSYNTHESE
Mitochondrium
Succinyl-CoA
+
Glycin
δ-Amino-
lävulinsäure
2x
Häm
Zytoplasma
PP IX
PBG
4x
PPG
KPG III
HMB
UPG III
148
Erythrozyten
HÄMABBAU
Hämoglobin
Aminosäure
mononukleäres
Phagozytensystem
Häm
Bilirubin
Blut
Leber
Bilirubindiglukuronid
Galle
Darm
Bilirubin
Stercobilin
Blut
Niere
Urobilin
152

Hämoglobin ist Hauptbestandteil der Erythrozyten. Dieses sauerstofftransportierende Protein setzt sich aus dem eisenhaltigen, roten Farbstoff **Häm** und einem Proteinanteil, dem **Globin**, zusammen. Häm zählt chemisch gesehen zu den **Porphyrinen**. Diese ringförmigen Moleküle kommen als farbige Verbindungen überall im Tier- und Pflanzenreich (z. B. Chlorophyll) vor. Für sie ist ein System aus konjugierten Doppelbindungen charakteristisch, das sich über die vier **Pyrrolringe** (5-Ring mit einem Stickstoff) erstreckt und zusammen mit einem zentralen Metallion für die Farbe verantwortlich ist. Die hohe Affinität des Häms zu Sauerstoff ist auf sein zentrales, zweiwertiges **Eisenion** zurückzuführen. Dieses Redoxsystem ist im Hämoglobin für die Sauerstoffbindung zuständig. Mit jeweils anderen Proteinkomponenten dient das Häm im **Myoglobin** ebenfalls zum Sauerstoff- und in **Cytochromen** zum Elektronentransport. Auch in **Monooxygenasen** und **Peroxidasen** kommen Hämgruppen vor.

- Häm wird hauptsächlich im Knochenmark sowie zu geringen Teilen in der Leber gebildet. Das Porphyrin-Ringsystem wird in der Biosynthese vollständig neu aufgebaut. Die Synthese beginnt im Mitochondrium, wird im Zytoplasma weitergeführt und endet wieder im Mitochondrium. Ausgangspunkt ist die Reaktion von **Succinyl-CoA** ❶, einem Zwischenprodukt des Citratzyklus mit **Glycin** zu **δ-Aminolävulinsäure** (δ-ALS) ❷. Das unmittelbare Reaktionsprodukt, eine β-Ketosäure, spaltet spontan CO_2 ab, es entsteht δ-ALS. Das Enzym δ-Aminolävulinat-Synthase (δ-ALS-Synthase) benötigt für die Decarboxylierung Pyridoxalphosphat (Vitamin B_6). Somit führt ein Mangel an diesem Vitamin zu einer verminderten Hämsynthese.

- Für den nächsten Syntheseschritt verlässt die δ-ALS das Mitochondrium und reagiert im Zytoplasma mit einem weiteren Molekül δ-ALS zu **Porphobilinogen** ❸. Insgesamt vier Moleküle Porphobilinogen verketten sich zu **Hydroxymethylbilan** ❹, das zum **Uroporphyrinogen III** ❺ zyklisiert. Dieses neugebildete Tetrapyrrolsystem wird an den Seitenketten zum **Koproporphyrinogen III** ❻ decarboxyliert und wandert danach wieder ins Mitochondrium.

- Im Mitochondrium finden die letzten Schritte der Hämbiosynthese statt. Aus Koproporphyrinogen III entsteht durch Dehydrierung und Decarboxylierung der Propionatseitenketten Protoporphyrinogen IX ❼.

Hämbiosynthese

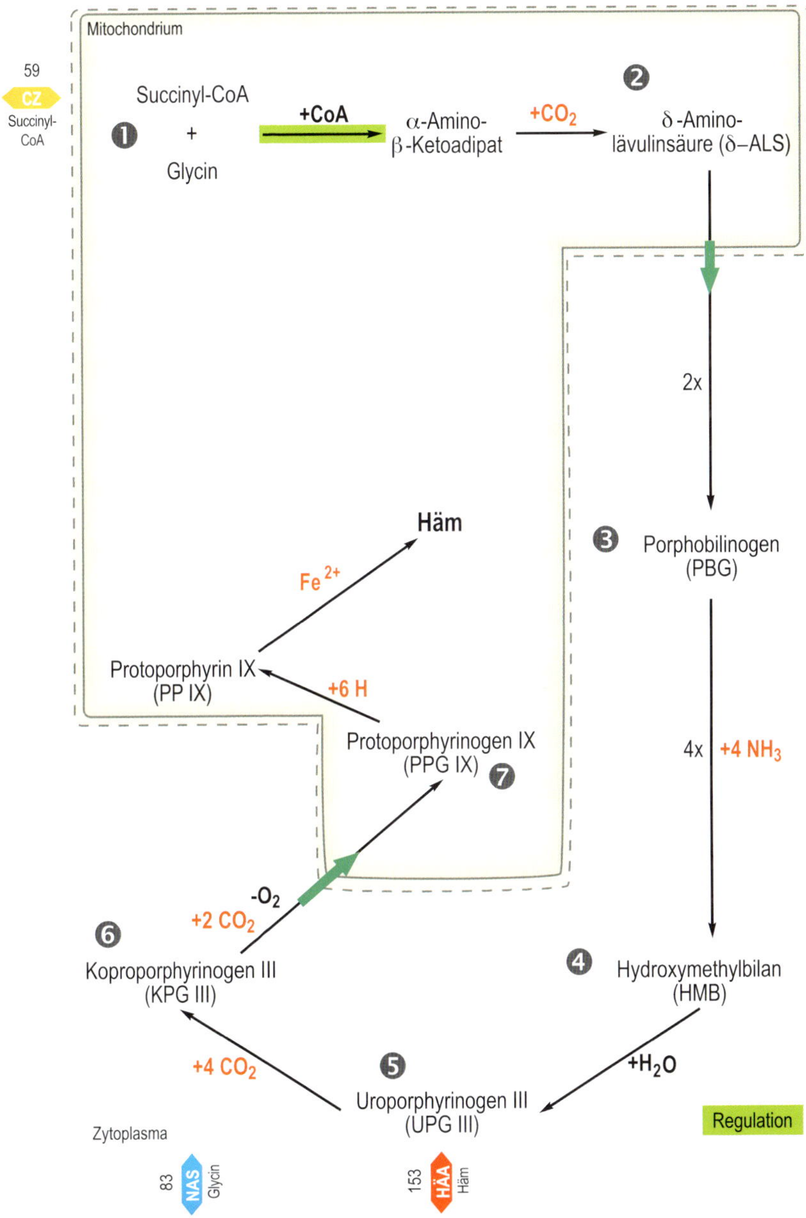

- Durch den Ersatz der sechs Carboxylreste durch Vinylreste wird der Porphyrinring auf seinen Einbau in die hydrophobe Umgebung des Globins vorbereitet. Vor dem Einbau des Eisenions wird das Ringsystem selbst modifiziert. Im Reaktionsprodukt Protoporphyrin IX ❶ entsteht dadurch das farbige System aus elf konjugierten Doppelbindungen. Abschließend wird durch die Ferrochelatase ein zweiwertiges Eisenion in das Porphyrinsystem eingebaut ❷. Zur Verbindung mit dem Proteinanteil, dem Globin, muss Häm erneut das Mitochondrium verlassen.

- Die geschwindigkeitsbestimmende Reaktion der Hämbiosynthese ist die oben erwähnte Umsetzung von Succinyl-CoA durch die δ-Aminolävulinat-Synthase ❸. Häm wirkt als Endprodukt der Synthese zum einen als allosterischer Inhibitor auf die δ-ALS-Synthase und zum anderen auf DNA-Ebene als Repressor der Enzymneusynthese. Ein weiterer Regulationsfaktor ist die Sauerstoffkonzentration im Blut: je niedriger der Sauerstoffpartialdruck desto höher ist die Syntheserate des Häms. Diesen Effekt nutzen Sportler im Höhentraining.

- Die Bereitstellung der Ausgangssubstanz Succinyl-CoA aus dem Citratzyklus ist ebenfalls indirekt vom verfügbaren Sauerstoff abhängig. Bei hohem Sauerstoffpartialdruck fließt der Hauptteil des Succinyl-CoA in den Citratzyklus. Steht jedoch nur wenig Sauerstoff zur Verfügung, so wird Häm synthetisiert.

Tab. 10 Regulation Hämbiosynthese

	gehemmt durch	aktiviert durch
δ-ALS-Synthase	Häm ↑	Häm ↓
Häm-Synthese	O_2-Partialdruck ↑	O_2-Partialdruck ↓
Succinyl-CoA im Citratzyklus	O_2-Partialdruck ↑	O_2-Partialdruck ↓

i Das Hämoglobin besteht aus vier Untereinheiten, die alle jeweils eine Hämgruppe tragen. Die Untereinheiten existieren in vier Varianten α bis δ, von denen α, β und d in Hämoglobin HbA1 und HbA2 eines Erwachsenen vorkommen. Die Untereinheit γ ist ausschließlich ein Bestandteil des fetalen Hämoglobins HbF.

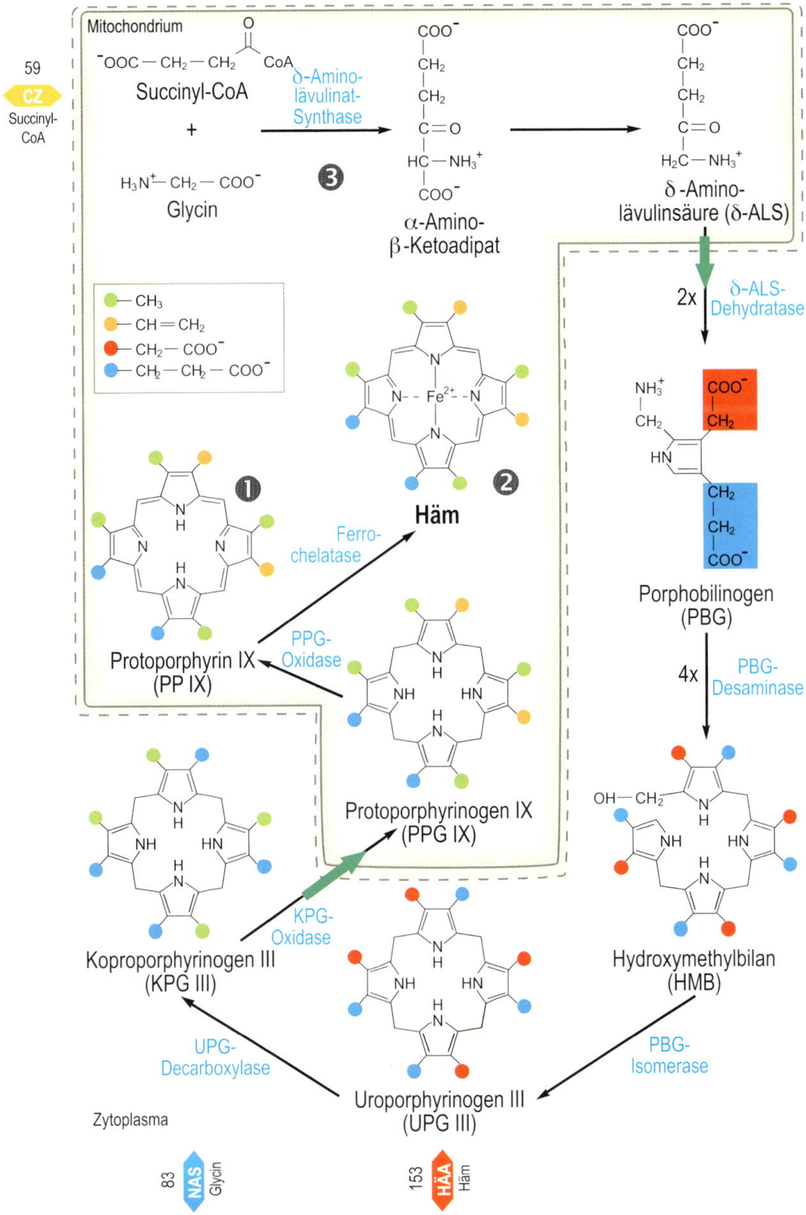
59
CZ
Succinyl-CoA
Mitochondrium
Succinyl-CoA
+
Glycin
δ-Amino-lävulinat-Synthase
3
α-Amino-β-Ketoadipat
δ-Amino-lävulinsäure (δ-ALS)
2x
δ-ALS-Dehydratase
Porphobilinogen (PBG)
4x
PBG-Desaminase
Hydroxymethylbilan (HMB)
PBG-Isomerase
Uroporphyrinogen III (UPG III)
UPG-Decarboxylase
Koproporphyrinogen III (KPG III)
KPG-Oxidase
Protoporphyrinogen IX (PPG IX)
PPG-Oxidase
Protoporphyrin IX (PP IX)
1
Ferro-chelatase
Häm
2
Zytoplasma
83 NAS Glycin
153 HÄA Häm

- Durch den begrenzten Lebenszyklus der Erythrozyten von etwa 120 Tagen unterliegt Hämoglobin und damit auch Häm einem ständigen Abbau. Zunächst wird der Proteinanteil aus dem Hämoglobin abgetrennt. Das freigesetzte **Globin** geht in den Proteinstoffwechsel über und wird in **Aminosäuren** zerlegt ❶. Das Porphyrinsystem des Häms wird zum Gallenfarbstoff **Bilirubin** abgebaut.

- Die Abbauprozesse des Häms laufen in der Milz, im Knochenmark und in der Leber ab. Dazu existiert in den drei Kompartimenten ein spezielles System, das als mononukleäres Phagozytensystem bezeichnet wird. Seine Aufgabe ist die schrittweise Zerlegung des Porphyrin-Grundgerüsts. Zuerst wird die Methingruppe zwischen Ring A und Ring B oxidativ gespalten. Es entsteht das grüne **Biliverdin** ❷, das in einer zweiten Reaktion durch die Biliverdin-Reduktase zu **Bilirubin** ❸ reduziert wird. Die Umwandlung in seine Ausscheidungsform als **Bilirubinglukuronid**, findet in der Leber statt. Dazu wird das hydrophobe Bilirubin an Albumin gebunden ❹ und auf diese Weise von Milz und Knochenmark über das Blut zur Leber transportiert. Dort löst sich Albumin wieder ab und Bilirubin wird über einen Membrantransporter ins Zytosol der Leberzelle eingeschleust ❺. Die Ausscheidungsformen **Bilirubinmono-** bzw. **-diglukuronid** müssen wegen des Konzentrationsanstiegs aktiv in die Gallengänge transportiert werden ❻ und gelangen von dort aus mit der Gallenflüssigkeit in den Darm.

- Im Dickdarm findet die letzte Transformation durch dort ansässige Bakterien statt. Zuerst werden die Glukuronsäurereste wieder abgespalten und danach das entstandene Bilirubin in mehreren Schritten zu **Stercobilinogen** ❼ reduziert. Hierbei geht die orange-rote Farbe des Bilirubins verloren. Zum Schluss erfolgt eine Reduktion zum orangegelb gefärbten **Stercobilin** ❽, das über den Stuhl ausgeschiedne wird. Über den enterohepatischen Kreislauf gelangt ein Teil der Abbauprodukte wieder zurück in die Leber ❾ (bis zu 20 %). Ein geringer Teil dieser Abbauprodukte wird als **Urobilinogen** bzw. **Urobilin** über die Nieren im Urin ausgeschieden ❿.

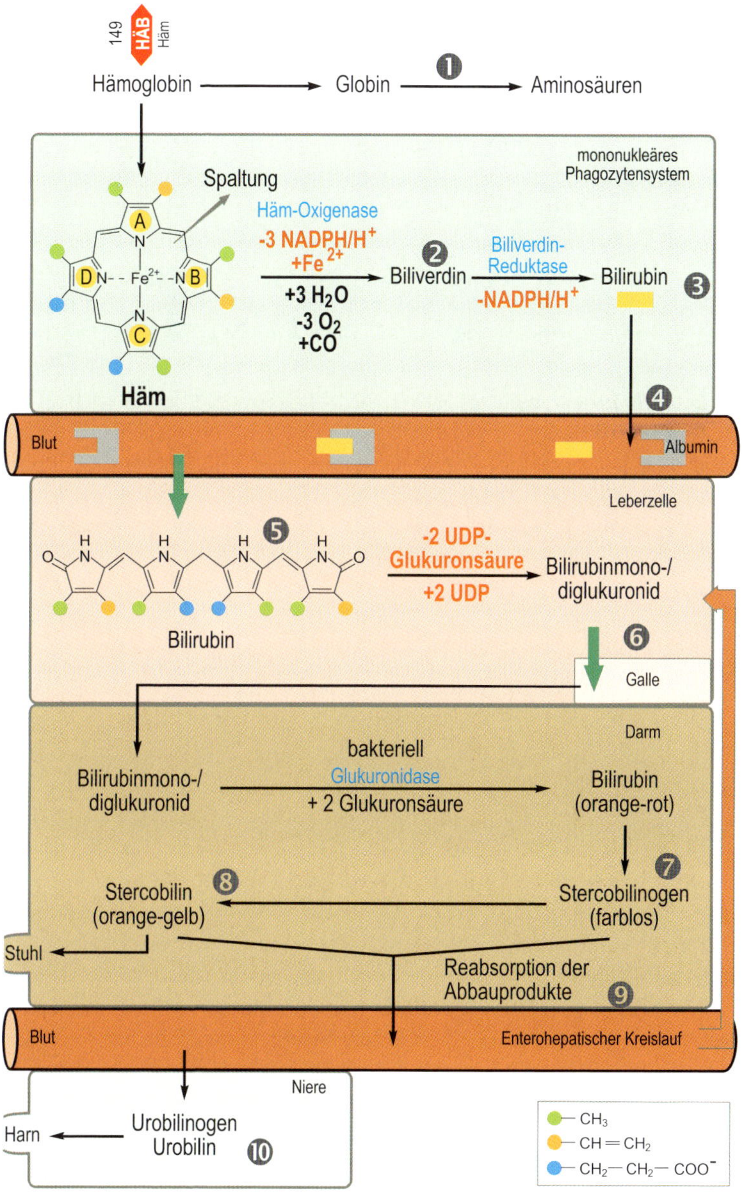
149
HÄB
Häm
Hämoglobin
Globin
1
Aminosäuren
mononukleäres Phagozytensystem
Spaltung
Häm-Oxigenase
-3 NADPH/H+
+Fe2+
+3 H2O
-3 O2
+CO
2
Biliverdin
Biliverdin-Reduktase
-NADPH/H+
Bilirubin
3
A
B
C
D
N
Fe2+
Häm
4
Blut
Albumin
Leberzelle
5
Bilirubin
-2 UDP-Glukuronsäure
+2 UDP
Bilirubinmono-/diglukuronid
6
Galle
Darm
Bilirubinmono-/diglukuronid
bakteriell
Glukuronidase
+ 2 Glukuronsäure
Bilirubin (orange-rot)
7
Stercobilinogen (farblos)
8
Stercobilin (orange-gelb)
Stuhl
Reabsorption der Abbauprodukte
9
Blut
Enterohepatischer Kreislauf
Niere
Urobilinogen
Urobilin
10
Harn
CH3
CH = CH2
CH2— CH2— COO-

- **Gelbsucht (Ikterus)**
  Als Ikterus bezeichnet man eine Gelbfärbung von Haut/Schleimhäuten und Skleren durch Bilirubinablagerung. Wenn der Abbau von **Bilirubin** gestört ist, steigt die Konzentration im Plasma und Bilirubin tritt ins Gewebe ein. Bereits ab einer Konzentration von 1,2 mg/dl kann man die Farbstoffeinlagerung in der normalerweise weißen Bindehaut der Augen erkennen (Normalwert 1,1 mg/dl bzw. 19 µmol/l). Ab einer Konzentration von 2 mg/dl kommt es zu einer Verfärbung von Skleren und Haut. Eine **Hyperbilirubinämie** kann durch eine Störung auf jeder Stufe des Abbaus und der Ausscheidung von Bilirubin auftreten. Man unterscheidet je nach Lokalisation des Defekts zwischen prähepatischem (Hämolyse), intrahepatischem (Hepatitis, Leberzirrhose) und posthepatischem (Blockierung des Gallenflusses/Gallensteine) Ikterus. Eine besondere Form tritt bei Neugeborenen auf, da deren Glukuronyl-Transferaseaktivität noch nicht die volle Leistung erreicht (→ S. 50). Da die Gelbsucht selbst keine Krankheit sondern ein Symptom unterschiedlicher Erkrankungen ist, muss die genaue Ursache gefunden werden.

- **Nachweis von Bilirubin**
  Diagnostisch hilfreich ist die Unterscheidung in **direktes** (konjugiertes) und **indirektes** (nicht konjugiertes) **Bilirubin**. Dabei wird das glukuronidierte Bilirubin als direktes Bilirubin bezeichnet, da es in der Nachweisreaktion direkt reagiert ❶. Ein erhöhter Wert weist auf einen Verschluss der Gallenwege hin. Dadurch staut sich glukuronidiertes Bilirubin in der Leber an und geht verstärkt ins Blut über. Das albumingebundene Bilirubin wird als indirektes Bilirubin bezeichnet, da die Nachweisreaktion erst nach Zusatz eines Beschleunigers wie Koffein oder Methanol abläuft ❷. Ist dieser Wert erhöht, kann eine Funktionsstörung in der Leber oder vor der Leber z. B. Hämolyse die Ursache sein. Der Nachweis erfolgt photometrisch in Plasma, Serum und Harn über die so genannte Diazoreaktion, bei der diazotierte Sulfanilsäure zur Herstellung eines Azofarbstoffes aus Bilirubin dient. In der Analyse wird im ersten Durchgang unter Zusatz des Beschleunigers (Koffein) zunächst das Gesamtbilirubin bestimmt. In einem zweiten Durchgang wird der Wert für das direkte Bilirubin ermittelt und aus der Differenz das indirekte Bilirubin berechnet.

GELBSUCHT (IKTERUS)

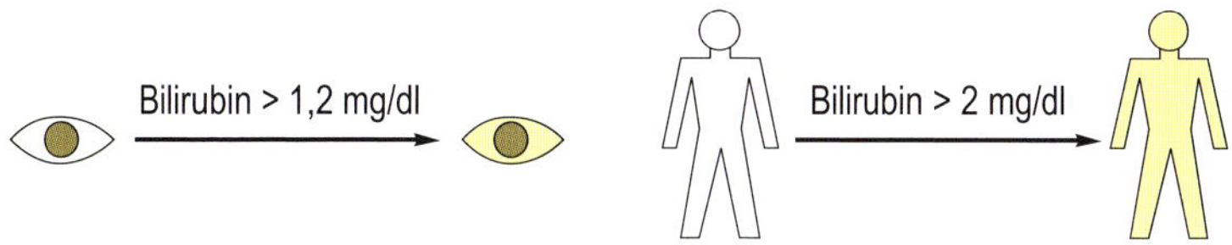

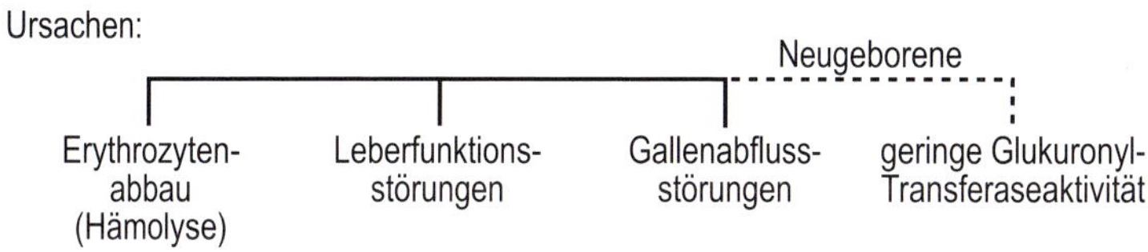

NACHWEIS VON BILIRUBIN

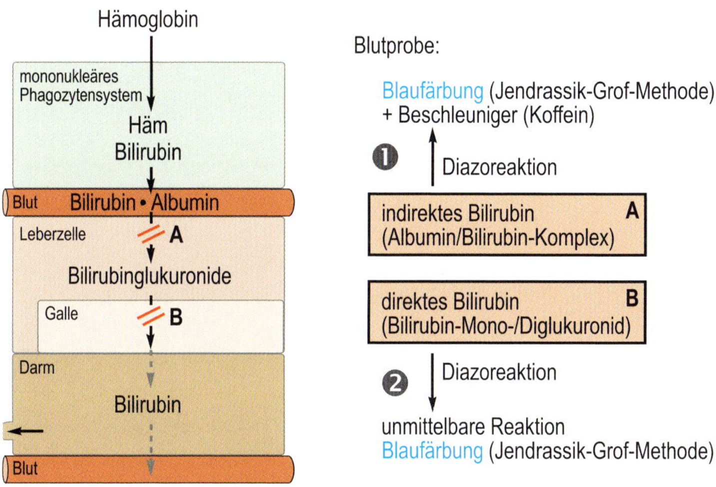

BILIRUBIN NORMBEREICH ERWACHSENE

Bilirubin	Konzentration im Serum
gesamt	0,2–1,1 mg/dl (3,4–19 µmol/l)
direkt	0,0– 0,3 mg/dl (0,0–5 µmol/l)
indirekt	bis 0,8 mg/dl (bis 13,7 µmol/l)

- Ein Enzym ist ein **Biokatalysator**, der die Aktivierungsenergie einer Reaktion herabsetzt, so dass sie bei Körpertemperatur ablaufen kann. Dieser Effekt gilt generell für beide Reaktionsrichtungen. Nur wenn ein Reaktionsprodukt sofort weiterreagiert und aus dem Gleichgewicht entfernt wird, verläuft die Reaktion lediglich in eine Richtung.

- Enzyme sind in der Regel **Proteine** (es gibt auch RNA-Enzyme) und hochspezifisch für ihr zugehöriges Substrat. Der Name eines Enzyms setzt sich aus dem Substratnamen, der zugehörigen Reaktion und der Endung „-ase" zusammen. Aus historischen Gründen wird gelegentlich von diesem Schema abgewichen.

- Die Vielzahl der Enzymreaktionen lässt sich in **fünf Reaktionstypen** (Enzymklassen) einteilen. Darauf basiert auch die Enzym-Nomenklatur (EC-Code):
  1. Redoxreaktionen werden von **Oxidoreduktasen** ausgeführt. Sie übertragen Elektronen.
  2. Für die Übertragung von funktionellen Gruppen sind die **Transferasen** zuständig.
  3. Die große Gruppe der Hydrolysereaktionen fällt den **Hydrolasen** zu. Sie sind auch für die Gegenreaktion, die Kondensation, verantwortlich.
  4. **Isomerasen** katalysieren die Umwandlung von Isomeren.
  5. Den letzten Reaktionstyp bildet das Knüpfen von kovalenten Bindungen. Die dafür verantwortlichen Enzyme werden in zwei Untergruppen aufgeteilt, in **Synthasen** (Lyasen), wenn kein ATP verbraucht wird und in **Synthetasen** (Ligasen), wenn ATP verbraucht wird.

- Die Enzymnomenklatur unterscheidet sechs Hauptklassen. Die Hauptklasse steht als erste Ziffer im mehrstelligen EC-Code. Dieser beschreibt nur die Enzymreaktion und nicht die Enzymstruktur. Deshalb können zwei strukturell, völlig unterschiedliche Enzyme den gleichen EC-Code besitzen, solange sie dieselbe Reaktion katalysieren.

Enzymatische Reaktion

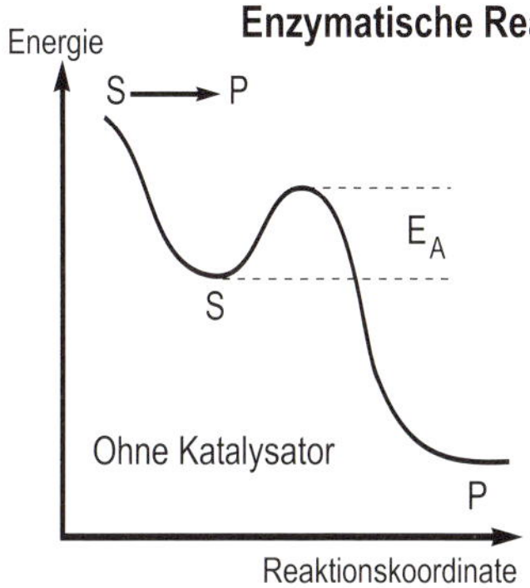

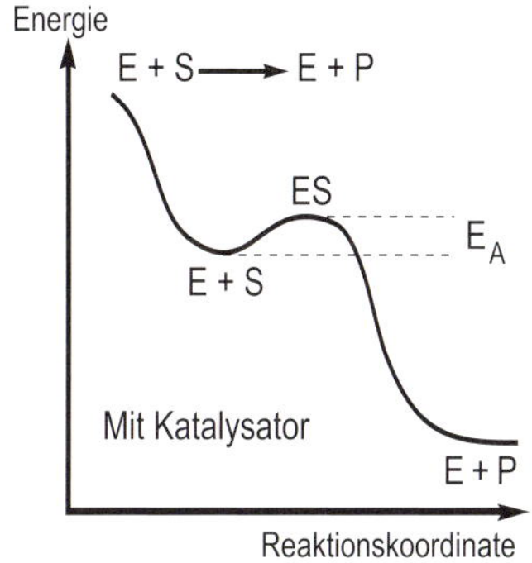

$$E + S \underset{k_{-1}}{\overset{k_1}{\rightleftharpoons}} ES \xrightarrow{k_2} E + P$$

E = Enzym
S = Substrat
P = Produkt

k = Geschwindigkeitskonstante
E_A = Aktivierungsenergie
ES = Enzym-Substrat-Komplex

EC-Code Beispiel 3. 1. 3. 9 Glukose-6-Phosphatase

- 3. → Hauptklasse: Hydrolasen
- 1. → Hydrolyse einer Esterbindung
- 3. → in Phosphorsäureester
- 9 → laufende Nummer

Enzymklassen:

1. Oxido-reduktasen	Glukose-6-phosphat-Dehydrogenase 1.1.1.49 *überträgt Elektronen* RO-CHR-OH + $NADP^+$ ⇌ RO-CO-R + $NADPH/H^+$
2. Transferasen	Pyruvatkinase 2.7.1.40 *überträgt Phosphatgruppen* $R\text{-}OPO_3^{2-}$ + ADP ⇌ R + $ADP\text{-}OPO_3^{2-}$
3. Hydrolasen	Glukose-6-Phosphatase 3.1.3.9 *spaltet Phosphat ab* $Glc\text{-}CH_2\text{-}OPO_3^{2-} + H_2O \rightleftharpoons Glc\text{-}CH_2OH + HOPO_3^{2-}$
4. Lyasen ≙ Synthasen	Phosphatpyruvathydrolase = Enolase 4.2.1.11 *spaltet eine CO-Bindung, Wasser wird frei* $RCHOR\text{-}CH_2OH \rightleftharpoons RCOR{=}CH_2 + H_2O$
5. Isomerasen	Phosphoglukomutase 5.4.2.2 *intramolekularer Transfer eines Phosphats* Glukose-1-phosphat ⇌ Glukose-6-phosphat
6. Ligasen ≙ Synthetasen	Pyruvatcarboxylase 6.4.1.1 *C-C-Bindung wird unter Energieverbrauch geknüpft* HCO_3 + Pyruvat + ATP ⇌ [Pyruvat-COOH] + ADP + $H_2PO_3^-$

- Eine katalytische Reaktion gehorcht gewissen Gesetzmäßigkeiten. Sie werden durch die **Michaelis-Menten-Gleichung** beschrieben. In der Anfangsphase einer Reaktion steigt die Reaktionsgeschwindigkeit linear mit der Substratkonzentration an. Im Diagramm beschreibt eine Gerade oder, mathematisch gesehen eine Gleichung 1. Ordnung, die Reaktion. Irgendwann sind alle Enzymmoleküle beschäftigt und die Kurve nähert sich einem Maximalwert an. Aus dieser Darstellung lässt sich als enzymspezifische Kenngröße die **Michaelis-Menten-Konstante** K_M ermitteln. Sie gibt die Substratkonzentration bei halber Maximalgeschwindigkeit an.

- Um eine Versuchsreihe schnell auswerten zu können, ist die Darstellung der Michaelis-Menten-Gleichung als **Lineweaver-Burk-Diagramm** nützlich. Durch entsprechende Umstellung der Formel lassen sich v_{max} und K_M aus dem Achsenabschnitt und der Steigung einer Geraden berechnen. Änderungen im Reaktionsverlauf sind auf diese Weise unmittelbar zu erkennen.

- Zur Regulation einer Enzymreaktion können mehrere Wege eingeschlagen werden. Eine Möglichkeit ist die Veränderung der **Enzymstruktur** und der Enzymaktivität durch die Bindung eines Faktors. Hier werden substratähnliche, isosterische Faktoren von unähnlichen, allosterischen Faktoren unterschieden. Die Ersten binden im aktiven Zentrum, die Zweiten irgendwo am Enzym.

- Eine weitere Variante ist die Veränderung der Enzymkinetik. Dazu tritt ein Molekül mit dem Substrat in direkte Konkurrenz **(kompetitive Hemmung)** und kann durch mehr Substrat wieder verdrängt werden. Bindet dagegen ein Molekül irgendwo am Protein spricht man von **nicht-kompetitiver Hemmung**.

i Ort der enzymatischen Reaktion ist das aktive Zentrum des Enzyms. Darin bindet das Substrat nach dem Schlüssel-Schloss-Prinzip. Häufig sind Hilfsverbindungen, sogenannte Cofaktoren, an der Reaktion beteiligt. Dies können Metallkationen (Fe^{2+}, Ca^{2+}) oder Nukleotide (ATP, GTP), Protonen-Elektronenspender ($FADH_2$, NADH/H^+) und Träger von Synthesebausteinen (Biotin/CO_2) sein.

Michaelis-Menten-Gleichung

$$v = \frac{v_{max}\,[S]}{K_M + [S]}$$

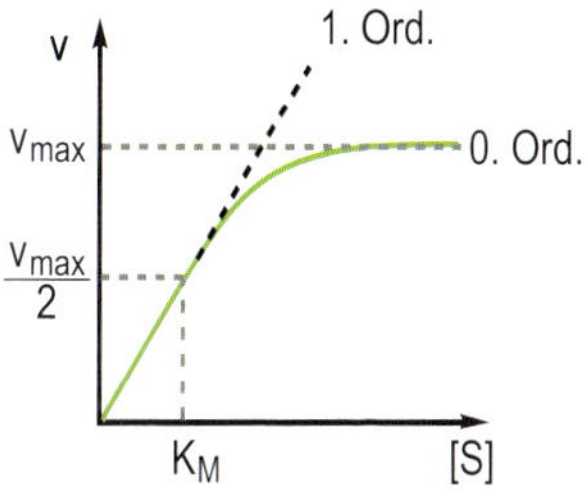

Lineweaver-Burk-Diagramm

$$\frac{1}{v} = \frac{K_M}{v_{max}} * \frac{1}{[S]} + \frac{1}{v_{max}}$$

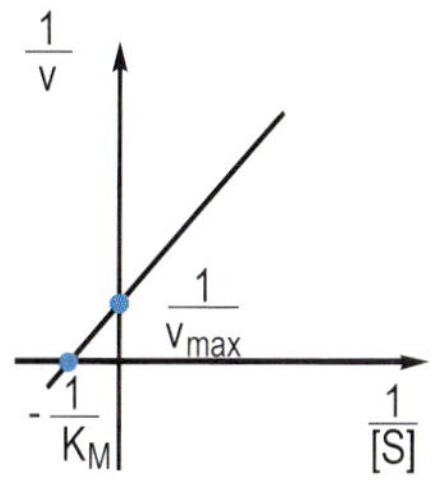

Kompetitive Hemmung

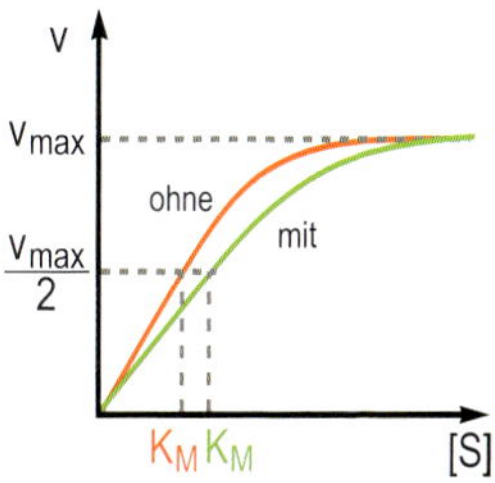

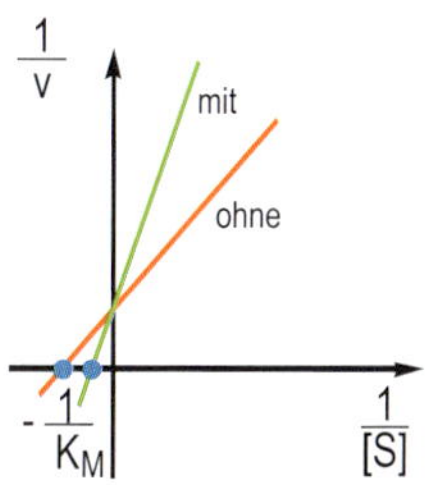

Nicht-kompetitive Hemmung

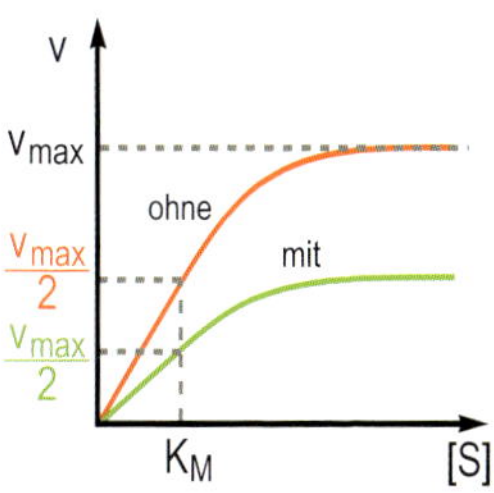

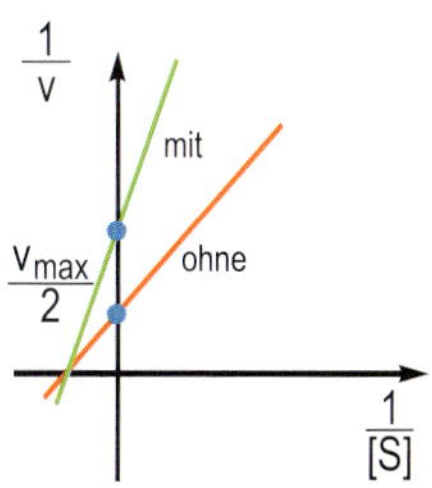

v = Reaktionsgeschwindigkeit

v_{max} = maximale Reaktionsgeschwindigkeit

K_M = Michaelis-Menten-Konstante

$[S]$ = Substratkonzentration

- Jeder Zellverband benötigt Kommunikationsmittel zur Koordinierung der Organfunktionen und des Stoffwechsels. Diese Aufgabe nehmen die **Hormone** wahr. Die klassischen Hormone werden von spezialisiertem Drüsengewebe ins Blut abgegeben und gelangen so zu ihren Zielzellen. Bestimmte Hormone können aber auch von unspezialisierten Zellen hergestellt werden. Damit eine Zelle am Erfolgsorgan überhaupt auf ein Hormon reagieren kann, besitzt sie in ihrer Zellmembran hormonspezifische Rezeptoren. Die Hormone können auf diese Weise gezielt einzelne Organe ansprechen, da alle anderen Zellen ohne Rezeptoren unbehelligt bleiben.

- Chemisch gesehen gibt es drei Hormontypen: Peptid- bzw. Proteohormone, Steroidhormone und modifizierte Amine. Des Weiteren lassen sich Hormone nach ihrem Syntheseort klassifizieren:
  1. Die **glandulären Hormone** werden in Drüsen wie Hypophyse, Schilddrüse, Pankreas etc. produziert und erreichen ihre Zielorgane über das Blut (endokrin).
  2. **Aglanduläre Hormone** (Gewebshormone) werden direkt im Zielgewebe hergestellt und durch Diffusion weitergegeben (parakrin).
  3. Hormone des Hypothalamus, auch **neurosekretorische Hormone** genannt, werden von spezialisierten Nervenzellen ins Blut abgegeben (endokrin).
  4. **Mediatoren** sind Botenstoffe, die in ihrer Herstellung nicht auf bestimmte Zellen beschränkt sind. Sie werden schnell wieder abgebaut und wirken deswegen nur lokal. Dabei können sie außer auf die Nachbarzellen (parakrin) auch auf die ursprüngliche Produktionszelle (autokrin) wirken.

- Nachdem die Hormone ausgeschüttet sind, müssen sie mit ihren Zielzellen Kontakt aufnehmen. **Hydrophile Hormone** müssen auf der Zellmembran einen spezifischen Rezeptor finden und erst durch die Bindung an diesen wird eine intrazelluläre Wirkung über second messenger ausgelöst. Hier unterscheidet man drei Rezeptortypen: den Tyrosinkinase-Rezeptor, den G-Protein-Rezeptor und den Ionenkanal.

- Die **Tyrosinkinase-Rezeptoren** sind in der Membran verankert. Das Hormon bindet an eine extrazelluläre Untereinheit und induziert damit eine Kinaseaktivität im Zytoplasma (z. B. Insulin-Rezeptoren).

Beispiele für Bildungsorte

Glanduläre Hormone Hypophyse, Schilddrüse, Pankreas, Nebenschilddrüse, Nebenniere, Testes, Ovar	**Aglanduläre Hormone** Gastrin, Sekretin im Magen-Darm-Trakt
Neurosekretorische Hormone Releasing Hormone im Hypothalamus	**Mediatoren** Prostaglandine, Histamine in allen Zellen

Wirkungsmechanismen

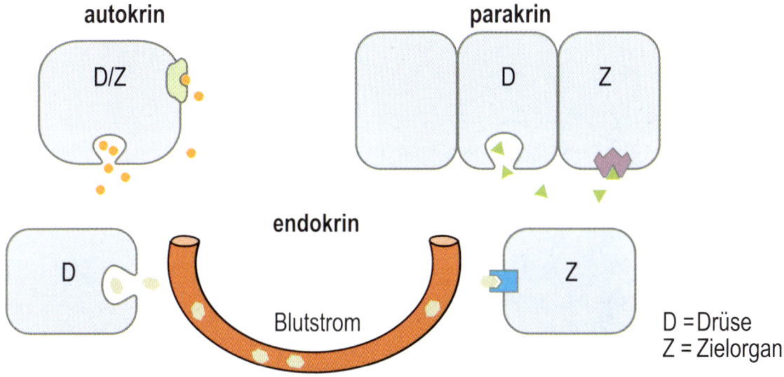

Tyrosinkinase-Rezeptor (Enzym), Beispiel Insulinrezeptor

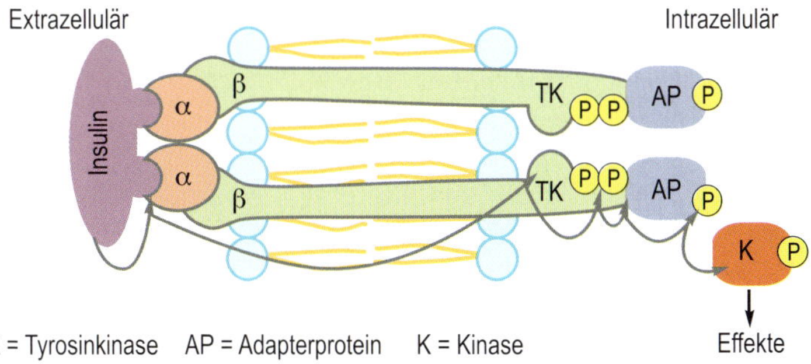

TK = Tyrosinkinase   AP = Adapterprotein   K = Kinase

- **G-Protein-Rezeptoren** sind mit sieben α-Helices in die Zellmembran integriert. Sie aktivieren bei einer Hormonanlagerung ein Guanin-nukleotidbindendes Protein (G-Protein) auf der Innenseite der Zellmembran. Dadurch wird dort in einem zweiten Schritt ein weiterer Botenstoff (second messenger) freigesetzt, z. B. zyklisches Adenosinmonophosphat (cAMP). Das cAMP aktiviert die Proteinkinase A, die das Zielenzym durch Phosphorylierung aktiviert bzw. deaktiviert (z. B. Adrenalinrezeptoren).

- **Ionenkänale** stellen selektive Wege ins Zytoplasma dar (z. B. Natrium-Kanäle). Sie sind hauptsächlich an schnellen Reaktionen beteiligt. Hat ein Hormon gebunden, öffnet sich der Kanal und das betreffende Ion kann ins Zellinnere einströmen (z. B. Acetylcholin-Rezeptoren).

- Im Gegensatz zu den hydrophilen Hormonen durchdringen **lipophile Hormone** die Zellmembran ohne Probleme und wirken deswegen auf intrazelluläre Rezeptoren. Diese Rezeptoren bilden mit dem betreffenden Hormon einen Komplex, der dann auf DNA-Ebene die Genexpression reguliert (Beispiel: Kortisol-Rezeptoren).

i Der „second messenger" cAMP wird aus ATP hergestellt. Das Enzym Adenylat-Zyklase spaltet dabei Diphosphat ab und knüpft einen Ring zwischen dem 5′-Kohlenstoff und der 3′-Hydroxylgruppe. Weitere second messenger sind cGMP, Ca^{2+}-Ionen, Diacylglycerin, Inositoltriphosphat, und Arachidonsäure.

G-Protein, Beispiel Adrenalinrezeptor

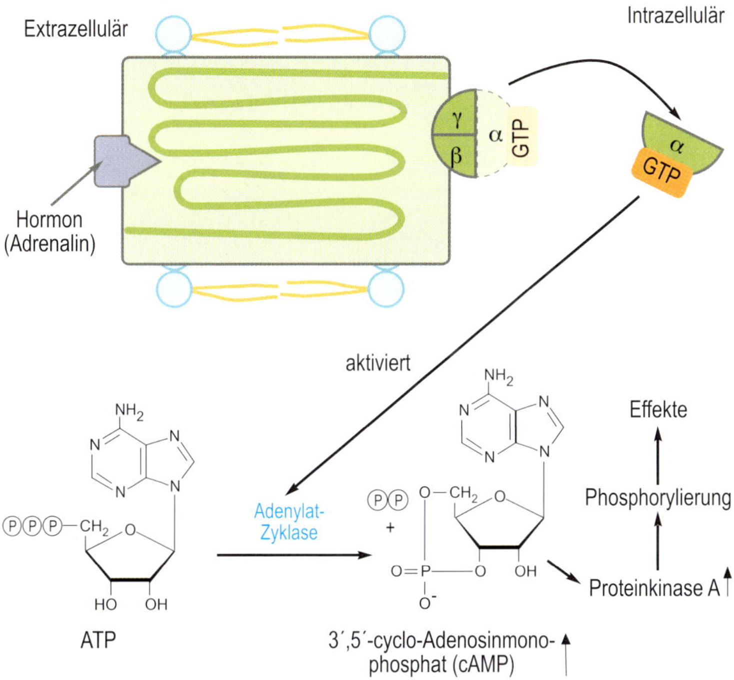

Ionenkanal, Beispiel Acetylcholinrezeptor

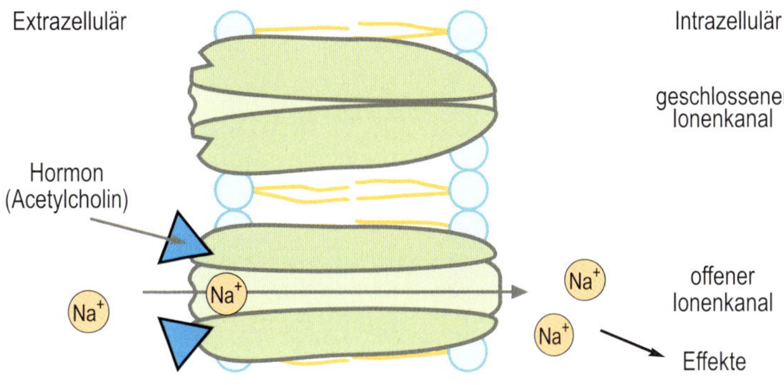

- Sobald Hormone ausgeschüttet werden, muss dieser Vorgang in irgendeiner Form reguliert werden. Spätestens dann, wenn der gewünschte Zustand erreicht ist, muss die weitere Produktion eingestellt werden. Dieser **Regelkreis** ist für viele Hormone ähnlich. Ausgehend vom **Hypothalamus** wird über dessen Releasing- und Inhibiting-Hormone (Statine, Liberine) die Produktion im **Hypophysenvorderlappen** (HVL) beeinflusst. Die dort gebildeten Hormone (Tropine) wirken auf Hormondrüsen in der Peripherie, wie beispielsweise die Schilddrüse. In der Folge werden aus diesen periphere **Effektorhormone** (Thyroxin, Triiodthyronin) ausgeschüttet, die letztlich die **Erfolgsorgane** beeinflussen. Über eine **negative Rückkopplung** wirken Liberine bzw. Statine, Tropine und Effektorhormone auf den Hypothalamus bzw. den Hypophysenvorderlappen und sorgen für eine Hemmung der Hormonausschüttung. Die Hormone selbst werden nach der Signalübertragung chemisch inaktiviert. Dies kann durch Methylierung, Glukuronidierung, Proteolyse oder oxidative Desaminierung geschehen.

- Das **zentrale Nervensystem** (ZNS) steuert die Hormonproduktion des Hypothalamus und der Hypophyse. Die **Releasing-Hormone** sind hauptsächlich Peptidhormone oder Glykoproteine und bewirken im HVL die Ausschüttung der nächsten Hormonkaskade. Diese können direkt auf periphere Drüsen wirken wie das adrenocortikotrope Hormon (ACTH) oder Thyreotropin oder systemisch wie Prolaktin (Milchproduktion) oder Somatotropin (z. B. Wachstum). In der Schilddrüse werden Triiodthyronin und Thyroxin aus Tyrosin hergestellt. Sie greifen vor allem regulativ in den Energiestoffwechsel ein.

- Eine Erhöhung des Calciumspiegels im Blut wird durch Parathormon erreicht, welches in der Nebenschilddrüse produziert wird. Zusammen mit seinem Gegenspieler Calcitonin ist es an der Regulation des Knochenstoffwechsels und des Calciumspiegels im Blut beteiligt.

Hormoneller Regelkreis der Schilddrüse

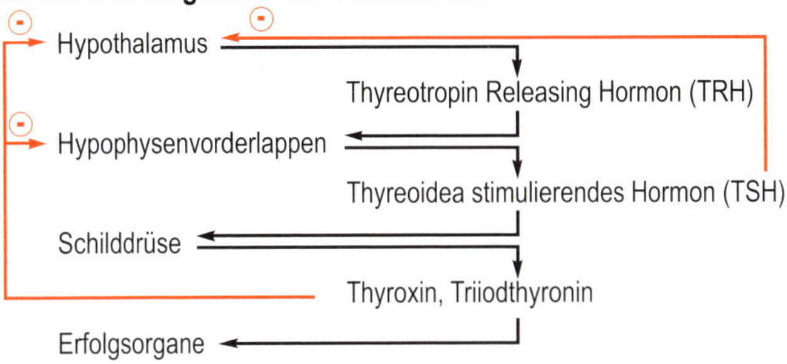

Bildungsorte der Hormone

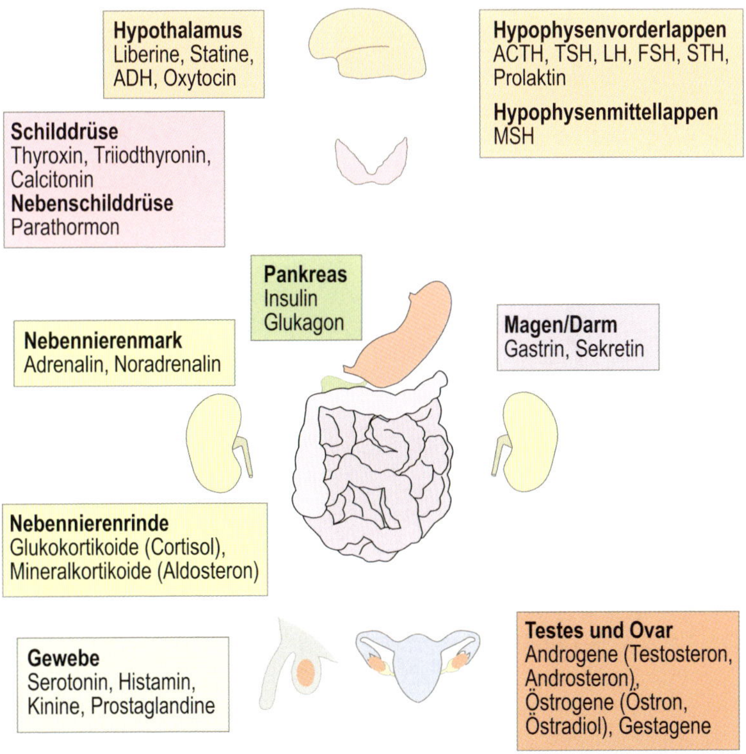

- **Mineralstoffe** sind die Grundlage des Lebens. Darunter fallen anorganische Kationen wie Natrium, Kalium, Calcium und Magnesium, sowie die Anionen Chlorid, Hydrogencarbonat, Hydrogenphosphat und Sulfat. Sie müssen nicht nur in einer bestimmten Konzentration im Körper vorhanden sein, sondern diese muss auch innerhalb gewisser Grenzen konstant gehalten werden. Die Homöostase der meisten essenziellen Mineralstoffe erfolgt durch Hormone. Neben diesen **Mengenelementen** benötigt der Körper eine ganze Reihe von anorganischen Elementen als **Spurenelemente**. Teilweise sind diese Spurenelemente sogar essenziell und ein Mangel kann erhebliche Störungen im Stoffwechsel hervorrufen.

- Eine Betrachtung des Mineralhaushalts aus chemischer Sicht führt zwangsläufig zur Frage des Lösungsvolumens, d. h. in wieviel Flüssigkeit sind die Salze letztlich gelöst Der menschliche Körper ist in dieser Hinsicht in zwei Räume eingeteilt:
  1. in den **intrazelllulären Raum** (IZR) als Gesamtvolumen aller Zellinhalte und
  2. in den **extrazellulären Raum** (EZR), der sich aus dem Plasmavolumen in den Gefäßen (Intravasalraum) und dem Raum zwischen den Zellen und Blutgefäßen (Interstitium) zusammensetzt.

- **Natrium** ist das Hauptkation im Plasma. Es liegt dort als Na^+ in einer Konzentration von 142 mmol/l vor und ist an Transportvorgängen beteiligt, die für die Osmoseregulation im EZR bzw. in der Zelle zuständig sind. Ebenso ist es für den Aufbau der Potenzialdifferenz an den Membranen wichtig. Abhängig von der Na^+-Ausscheidung über Niere und Schweiß schwankt der Tagesbedarf zwischen 5 und 20 g. Die Ausscheidung über die Nieren wird über Aldosteron gesteuert.

- **Kalium** (K^+) ist das Hauptkation des IZR (155 mmol/l). Es bestimmt maßgeblich das Membranpotenzial der Zellen und aktiviert eine Reihe von Enzymen. Vor allem der Herzmuskel ist gegen Potenzialschwankungen, ausgelöst durch Schwankungen in der Kaliumkonzentration, sehr empfindlich. Der tägliche Bedarf liegt zwischen 2 und 6 g. Kalium wird hauptsächlich über die Nieren ausgeschieden.

Elektrolyte und Spurenelemente

Kationen [mmol/l]	Plasma	Zelle
Na^+	142	10
K^+	4	155
Ca^{2+}	2,5	~ 0
Mg^{2+}	0,9	15

Anionen [mmol/l]	Plasma	Zelle
Cl^-	102	8
HCO_3^-	25	10
HPO_4^{2-}	1	65
SO_4^{2-}	0,5	10

Essenzielle Spurenelemente in g/70 kg KG		
Eisen	Fe	4-5
Zink	Zn	2-4
Kupfer	Cu	0,04-0,08
Selen	Se	0,03
Mangan	Mn	0,012-0,02
Kobalt	Co	0,0011
Molybdän	Mo	-
Zinn	Sn	-
Vanadium	V	-

KG = Körpergewicht

Qualitative Verteilung der Elektrolyte

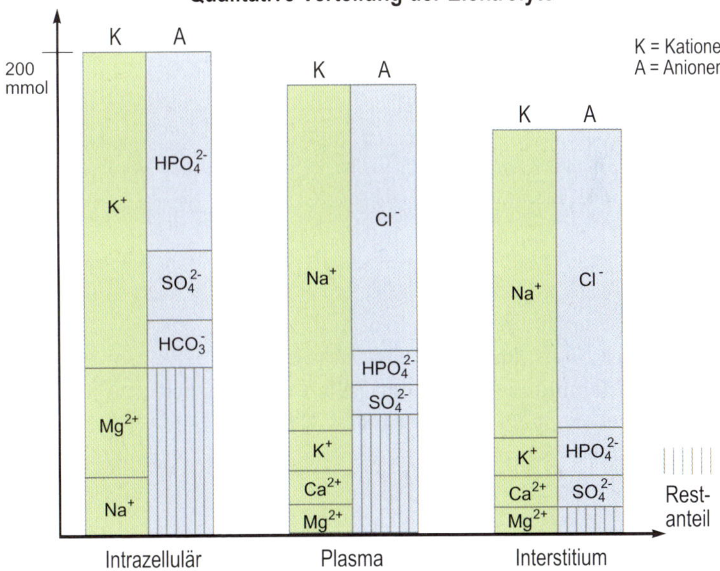

- **Calcium** (Ca^{2+}) wird vor allem für den Aufbau des Skeletts benötigt. Es ist in Form des Minerals Apatit ($Ca_5(OH,F)(PO_4)_3$) Bestandteil der Knochen und Zähne. Daneben bildet Calcium Komplexe mit Gerinnungsfaktoren und ist so auch an der Blutgerinnung beteiligt. Am Tag werden etwa 0,5 bis 0,8 g Calcium benötigt, unter besonderen Umständen (z. B Schwangerschaft) steigt der Bedarf auf das Doppelte. Die Ausscheidung läuft zu 85 % über den Darm und nur zu 15 % über die Nieren.

- **Magnesium** nimmt als Komplexpartner des Phosphats an über 300 Enzymreaktionen teil. Bei allen ATP-, UTP- und GTP-abhängigen Reaktionen wird das Substrat in einem Mg^{2+}-Komplex für die Umsetzung positioniert. Magnesium ist im IZR in sehr hoher Konzentration enthalten. Seine Ausscheidung über die Niere ist u. a. an die Ca^{2+}-Konzentration geknüpft. Der Bedarf an Magnesium ist von der Art der Nahrung und vom allgemeinen Zustand des Körpers abhängig. Ein exakter Wert lässt sich somit nicht ermitteln, es wird jedoch eine Mindestzufuhr von etwa 350 mg Magnesium pro Tag empfohlen.

- Unter den Anionen ist extrazellulär das **Chlorid** (Cl^-) am wichtigsten. Es ist das anteilmäßig häufigste Gegenion und wird in der Regel als NaCl aufgenommen. Intrazellulär spielt **Phosphat** die Hauptrolle unter den Anionen. Neben seiner Funktion als Puffersystem ($HPO_4^{3-}/H_2PO_4^{2-}$) nimmt es z. B. als ATP-Bestandteil an zahlreichen Reaktionen teil und ist Baustein der Nukleinsäuren.

- Bei einem Körpergewicht von 70 kg entfallen 65 % des Körperwassers auf den IZR (28 Liter), 25 % auf das Interstitium (11 Liter) und 10 % auf das Plasma (3 Liter). Der Mensch besteht zu 60 % aus Wasser, was bei einem Gewicht von 70 kg 42 Liter Wasser entspricht. Um die Ionenkonzentration in diesem **Wassersystem** zu regulieren, existieren drei Mechanismen, die über Blutdruck und Harnausscheidung die Wasserzufuhr steuern: **Atriopeptin**, das **Renin-Angiotensin-System**, und **Adiuretin**.

Wasserverteilung im Körper

	Wasser bei 70 kg Körpergewicht	Anteil am Körpergewicht	Wasserverteilung im Gesamtkörper
Intrazellulär	28 l	40 %	65 %
Extrazellulär	14 l	20 %	35 %
Plasma	11 l	15 %	25 %
Interstitium	3 l	5 %	10 %
Summen	**42 l**	**60 %**	**100 %**

Regulation des Wasserhaushaltes

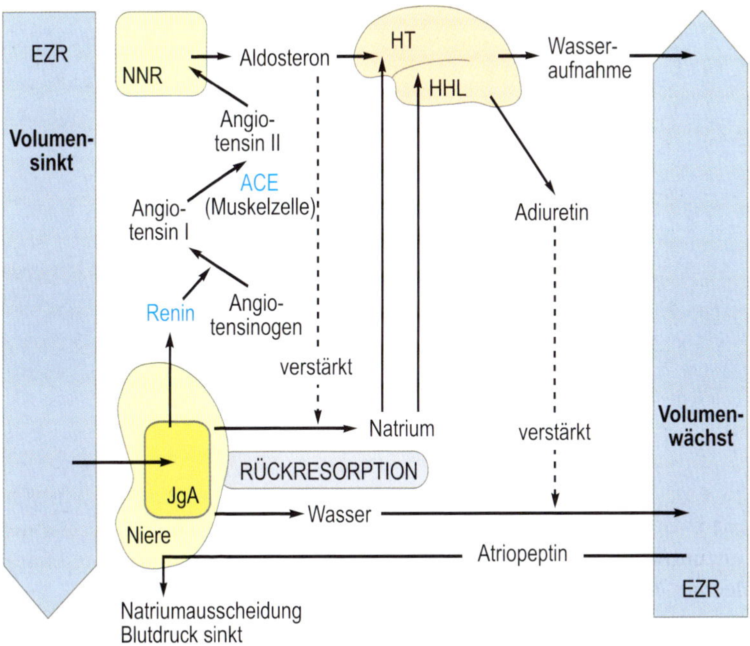

ACE = Angiotensin-Converting-Enzym
NNR = Nebennierenrinde
EZR = Extrazellularraum
JgA = Juxtaglomulärer Apparat
HT = Hypothalamus
HHL = Hypophysenhinterlappen

- **Vitamine** sind organische Substanzen, die regelmäßig in geringen Mengen mit der Nahrung aufgenommen werden müssen. Häufig wird eine Vorstufe des Vitamins erst im Körper zur aktiven Form modifiziert. Obwohl die Vitamine früher als einheitliche Substanzklasse postuliert wurden (alles Amine), gibt es unter ihnen keine engere strukturelle Beziehung. Man kann jedoch die Vitamine nach ihrem Löslichkeitsverhalten einteilen. So gibt es vier **fettlösliche** (lipophile) und neun **wasserlösliche** (hydrophile) **Vitamine**. Die hydrophilen Vitamine dienen in der Regel als Coenzyme und übertragen funktionelle Gruppen. Nur Thiamin und Ascorbinsäure gehen direkt in den Stoffwechsel ein. Die lipophilen Vitamine haben unterschiedliche Funktionen. Retinal (Vitamin A) ist am Sehvorgang beteiligt, Vitamin D reguliert die Calcium-Resorption, Vitamin E wirkt als Radikalfänger (Antioxidans) und Vitamin K dient als Coenzym.

- Die Reihe der alphabetischen Vitaminbezeichnungen ist nicht lückenlos, da manche der angenommenen Verbindungen sich später nicht als Vitamine herausstellten und aus der Liste entfernt werden mussten.

- Bei ausgewogener Ernährung aus pflanzlicher und tierischer Kost ist eine ausreichende Vitaminversorgung gewährleistet. **Lipophilen Vitamine** kommen eher in tierischen Nahrungsmitteln, **hydrophilen Vitamine** vorwiegend in pflanzlichen Nahrungsmitteln vor. Der tatsächliche Vitaminbedarf richtet sich aber nach der aktuellen Situation des Organismus. Grundsätzlich gibt es immer individuelle Schwankungen, aber auch die Wachstumsphasen oder eine Schwangerschaft erfordern eine höhere Vitaminzufuhr.

- Die Tatsache, dass nur geringe Mengen an Vitaminen zur Deckung des Tagesbedarfs notwendig sind, lässt Rückschlüsse auf deren Funktion zu. So wirken Vitamine hauptsächlich katalytisch oder regulatorisch, indem sie als Coenzyme oder zusammen mit Transkriptionsfaktoren im Stoffwechsel vorkommen.

Fettlösliche Vitamine

Vitamin	Name	Menge/d [mg]	Aktive Form	Funktion
A	Retinol	1,5	Retinoat, Retinal	Fotorezeptoren
D	Cholecalciferol	0,01	1,25-Dihydroxy-cholecalciferol	Regulation Ca^{2+}-Konzentration (extrazellulär)
E	Tocopherol	10-30	Tocochinon	Oxidationsschutz der Membranlipide
K_1	Phyllochinon	1	Difarnesyl-naphtochinon	Carboxylierung von Gln-Resten

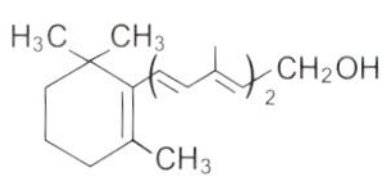

Retinol
Vitamin A

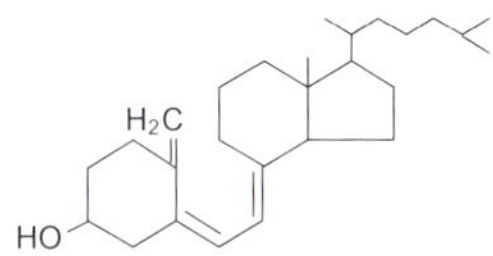

Cholecalciferol
Vitamin D

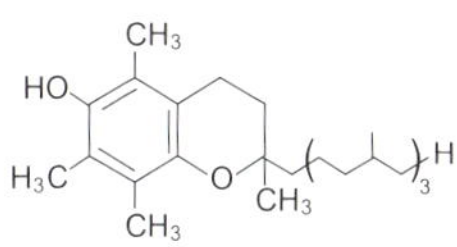

Tocopherol
Vitamin E

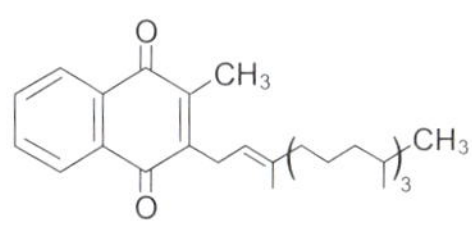

Phyllochinon
Vitamin K_1

Wasserlösliche Vitamine

Vitamin	Name	Menge/d [mg]	Aktive Form	Funktion
C	Ascorbinsäure	75	Ascorbinsäure	Redoxsystem, Hydroxylierung
B_1	Thiamin	1,7	Thiamin-pyrophosphat	Dehydrierende Decarboxylierung

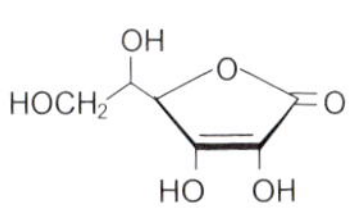

Ascorbinsäure
Vitamin C

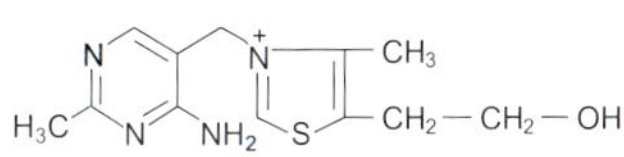

Thiamin
Vitamin B_1

- Ein **Vitaminmangel** hat unmittelbare Auswirkungen auf den Stoffwechsel. Einerseits können Vitamine oder ihre Vorstufen nicht von höheren Organismen hergestellt werden, andererseits sind die Speicherkapazitäten im Organismus begrenzt. Problematisch ist die Diagnose eines Vitaminmangels, da eine Unterversorgung meist den gesamten Intermediärstoffwechsel beeinträchtigt und deswegen nur unspezifische Symptome feststellbar sind. Ursachen einer Unterversorgung können z. B. Störungen in der Transformation zur aktiven Vitamin-Form, Störungen der intestinalen Aufnahme und eine einseitige, vitaminarme Ernährung sein.

- Neben den **Unterversorgungen** (Hypovitaminosen, Avitaminosen) können auch **Überversorgungen** (Hypervitaminosen) Probleme bereiten. Dies betrifft allerdings nur die lipophilen Vitamine, da sie im Gegensatz zu den hydrophilen Vitaminen bei einem Überschuss nicht über den Urin ausgeschieden werden können. So können beispielsweise hohe Dosen an synthetischen Vitamin-A-Präparaten, über einen längeren Zeitraum eingenommen, zu Schmerzanfällen, Knochenveränderungen und Haarausfall führen.

- Streng genommen sind nicht alle Verbindungen der **D-Gruppe** Vitamine im Sinne der Definition, da zumindest das Provitamin **D_3** (Dehydrocholesterol) als Cholesterinderivat aus Squalen hergestellt werden kann und unter dem Einfluss von Sonnenlicht in der Haut zu Cholecalciferol (Vitamin D_3) reagiert. Dennoch ist eine Vitamin D-Zufuhr vor allem in Wachstumsphasen notwendig, um das Mangelsyndrom Rachitis bei Kindern zu vermeiden.

Wasserlösliche Vitamine

Vitamin	Name	Menge/d [mg]	Aktive Form	Funktion
B_6	Pyridoxin	1,5-2	Pyridoxal-phosphat	Transaminierung, Decarboxylierung
B_{12}	Cobalamin	0,03-0,05	Desoxyadenosyl-cobalamin	Kohlenstoff-Übertragung
B_2-Komplex	Riboflavin	1,8	FMN, FAD	Wasserstoff-Übertragung
	Nikotinamid	20	NAD^+, $NADP^+$	Wasserstoff-Übertragung
	Pantothensäure	10	Coenzym A	Acyl-Übertragung
	Folsäure	0,05	Tetrahydrofol-säure	Kohlenstoff-Übertragung
	Biotin	0,3	Biocytin	Carboxylierung

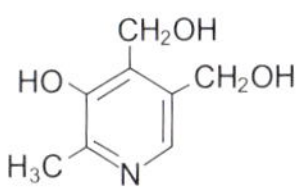

Pyridoxin
Vitamin B_6

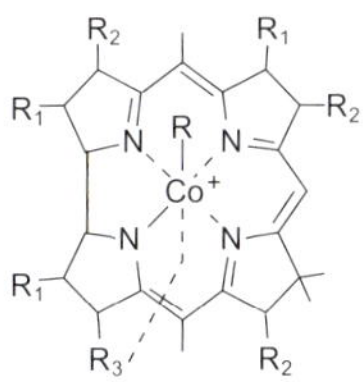

Cobalamin
Vitamin B_{12}

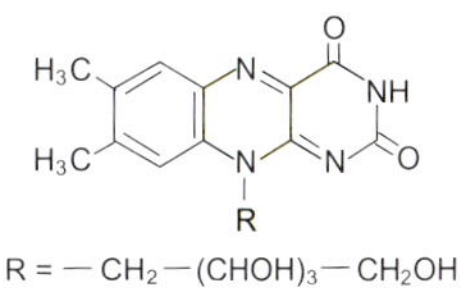

Riboflavin
Vitamin B_2-Komplex

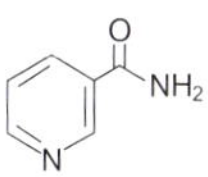

Nikotinamid
Vitamin B_2-Komplex

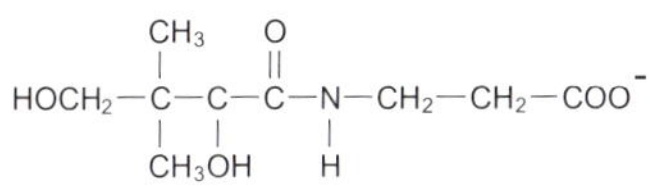

Pantothensäure
Vitamin B_2-Komplex

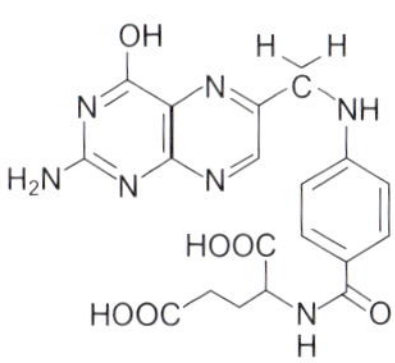

Folsäure
Vitamin B_2-Komplex

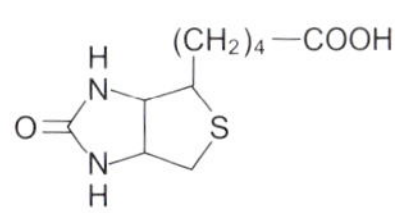

Biotin
Vitamin B_2-Komplex

- Eine der ersten Voraussetzungen, die zur Entstehung des Lebens geführt haben, war die **Zellmembran**. Sie grenzt den gesamten Innenraum der Zelle, das Protoplasma, zur Umwelt ab und umschließt alle Zellorganellen, die so in einer definierten Umgebung arbeiten können. Bei eukaryotischen Zellen kommt im Gegensatz zu den Prokaryoten hinzu, dass die genetische Information separat im **Zellkern** gelagert wird (Karyoplasma). Das Protoplasma setzt sich damit aus Karyoplasma und Zytoplasma zusammen. Im Zytoplasma sind außer dem Zellkern noch verschiedene Zellorganellen enthalten. Allen voran die **Mitochondrien**, die als die Kraftwerke der Zelle fungieren (Energieproduktion). Weiterhin befinden sich im Zytoplasma das **Endoplasmatische Retikulum**, die **Ribosomen** und der **Golgi-Apparat**. Alle drei Komponenten sind fast ausschließlich mit der Proteinherstellung beschäftigt. Um die Entsorgung von zerfallenen Zellbestandteilen oder schädlichen Substanzen kümmern sich die **Lysosomen** und die **Peroxisomen**.

- Als Schnittstelle zur Umwelt kommt der **Zellmembran** eine große Bedeutung zu. Die Lipiddoppelschicht besitzt deswegen unterschiedliche funktionelle Einheiten wie z. B. Rezeptorproteine, Proteinkanäle oder verankerte Enzyme. Insbesondere für die Erkennung bzw. Unterscheidung der Zellen untereinander sind Kohlenhydrat-„Antennen" notwendig. Diese sind auf der Außenseite der Membran an Proteine und Lipide gebunden und werden als Glykokalix bezeichnet. Ausdifferenzierte Zellen eines Typs erkennen sich an einer gleichartigen Glykokalix.

- In den **Mitochondrien** findet der aerobe Energiestoffwechsel statt. Sie sind dazu mit den Enzymen für Citratzyklus und Atmungskette ausgestattet. Aber auch die β-Oxidation und Teile des Harnstoffzyklus sind hier lokalisiert. Eine Zelle enthält etwa 2.000 Mitochondrien, was ungefähr einem Viertel der gesamten Zellmasse entspricht. Eine Besonderheit der Mitochondrien ist ihre doppelte Membran. Außer ihnen hat nur der Zellkern auch zwei Membranen. Die äußere Mitochondrienmembran enthält zahlreiche Poren und ist deswegen für kleinere Moleküle durchlässig. Im Gegensatz dazu ist die innere Mitochondrienmembran zur Oberflächenvergrößerung stark gefaltet (Cristae) und nicht frei passierbar, denn hier existieren spezielle Transportsysteme.

Die Zelle

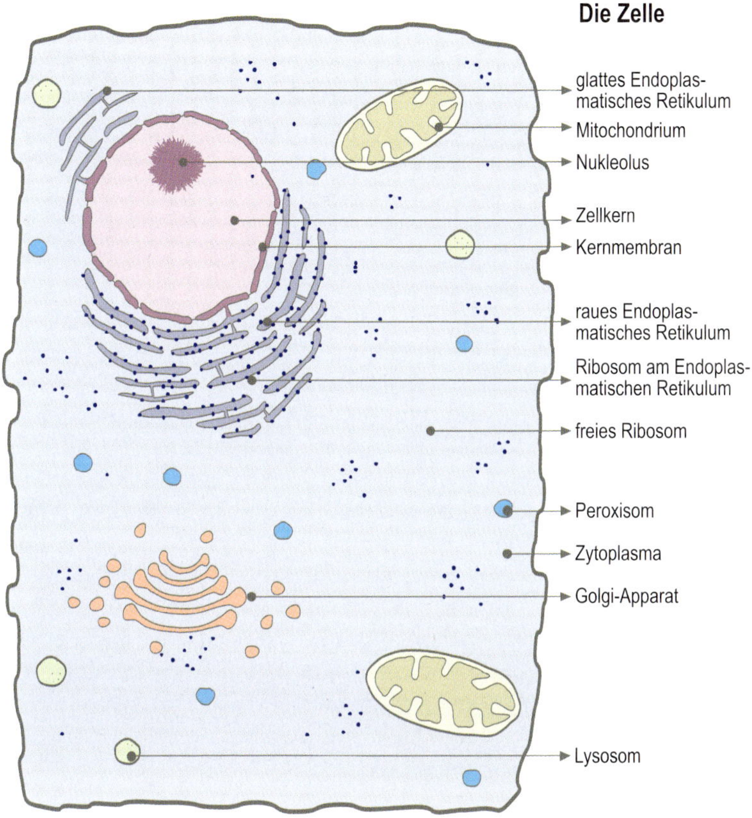

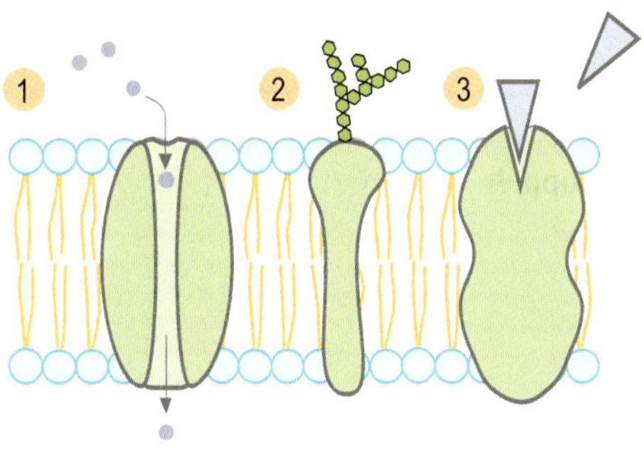

Proteine der Zellmembran

1. Porenprotein
2. Eingelagertes Protein mit Zuckerrest
3. Eingelagertes Enzym

- An den **Ribosomen** werden die Proteine einer Zelle synthetisiert (Proteinbiosynthese). Sie bestehen aus einer großen und einer kleinen Untereinheit zwischen denen die mRNA eingespannt ist. Die Untereinheiten selbst sind wiederum aus Proteinen und einem RNA-Anteil, der ribosomalen RNA (rRNA), aufgebaut. An einem mRNA-Strang lesen immer mehrere Ribosomen den genetischen Code ab (Polysomen) bis sie schließlich das Sequenzende erreicht haben und wieder in ihre beiden Untereinheiten zerfallen.

- Das **Endoplasmatische Retikulum** (ER) ist ein ausgedehntes, geschlossenes Membransystem mit röhren- oder sackförmigen Strukturen. Das raue ER mit seinen membrangebundenen Ribosomen ist ein Ort intensiver Proteinsynthese. Auch posttranslationale Modifikationen, wie z. B. Glykosylierungen, finden dort statt. Nach der Fertigstellung der Proteine können hier Modifikationen durchgeführt werden. Im Gegensatz zum rauen ER, das durch angelagerte Ribosomen unter dem Mikroskop „rau" erscheint, sind im so genannten glatten ER keine Ribosomen zu finden. Hier sind Reaktionen der Lipidsynthese angesiedelt, etwa von Cholesterin und Phospholipiden. Im **Golgi-Apparat** werden Produkte des ER weiter prozessiert (z. B. Reifung der Glykoproteine) und zu ihren Bestimmungsorten (Zellmembran, Lysosom, Vesikel) weitergeleitet. Die Lokalisation des Golgi-Apparats ist deswegen zum rauen ER hin ausgerichtet. Die dem ER zugewandte Seite nimmt Vesikel vom ER auf und wird als cis-Seite bezeichnet. An der gegenüberliegenden trans-Seite treten die reifen Produkte aus.

- **Lysosomen** sind für den hydrolytischen Abbau von Molekülen zuständig. Dazu enthalten sie in ihrem Innern ein ganzes Arsenal an Enzymen, die von der Aminosäure bis zum Zucker alles zerlegen können. Auch die **Peroxisomen** dienen der Zelle zum Abbau von Verbindungen. Sie sind in der Lage, durch die Oxidation mit Sauerstoff (Katalase) Entgiftungsprozesse einzuleiten. Aufgrund dieser Funktion spielen sie vor allem in der Leber und in den Nieren eine große Rolle.

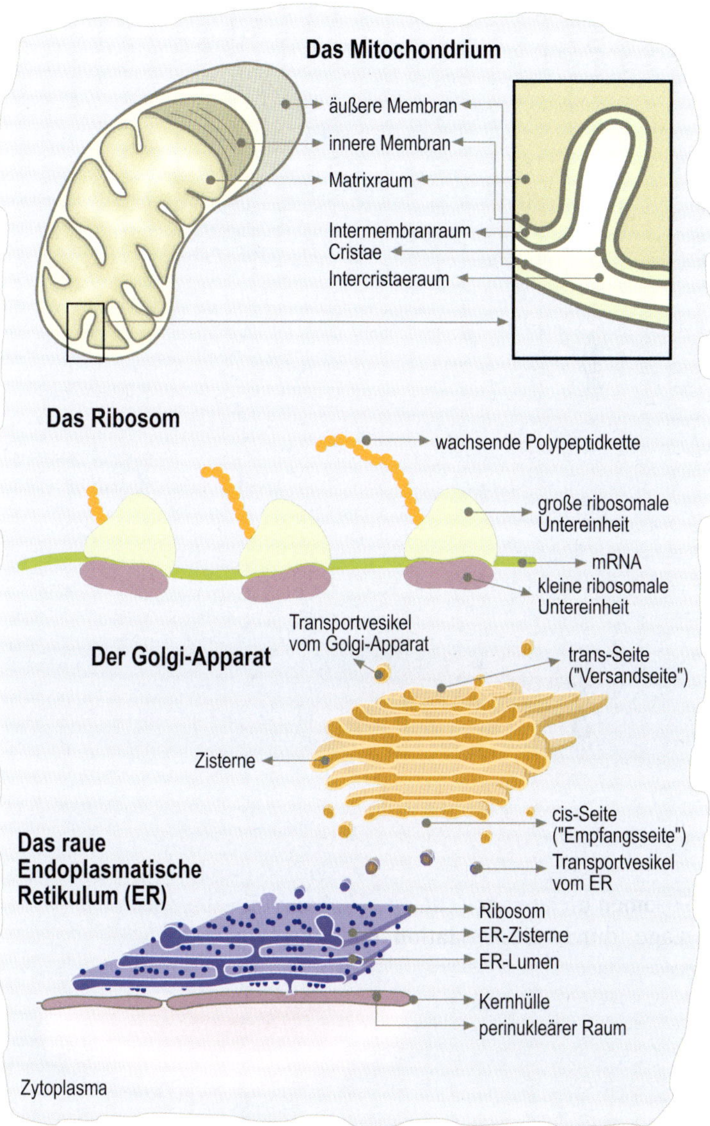
Das Mitochondrium
äußere Membran
innere Membran
Matrixraum
Intermembranraum
Cristae
Intercristaeraum
Das Ribosom
wachsende Polypeptidkette
große ribosomale Untereinheit
mRNA
kleine ribosomale Untereinheit
Der Golgi-Apparat
Transportvesikel vom Golgi-Apparat
trans-Seite ("Versandseite")
Zisterne
cis-Seite ("Empfangsseite")
Transportvesikel vom ER
Das raue Endoplasmatische Retikulum (ER)
Ribosom
ER-Zisterne
ER-Lumen
Kernhülle
perinukleärer Raum
Zytoplasma

ACAT = Acyl-CoA-Cholesterin-Acyltransferase
ACE = Angiotensin-Converting-Enzym
ACTH = Adrenocorticotropes Hormon
ADH = Antidiuretisches Hormon
ADP = Adenosindiphosphat
AICAR = 5-Aminoimidazol-4-carboxamidribonukleotid
AIR = 5-Aminoimidazolribonukleotid
Ala = A = Alanin
δ-ALS = δ-Aminolävulinat
ALT = Alanin-Aminotransferase
AMP = Adenosinmonophosphat
APRT = Adenin-Phosphoribosyltransferase
Arg = R = Arginin
Asn = N = Asparagin
Asp = D = Aspartat
AST = Aspartat-Aminotransferase
ATP = Adenosintriphosphat

CAIP = 5-Aminoimidazol-4-carboxylatribonukleotid
cAMP = cyclo-Adenosinmonophosphat
CoA = Coenzym A
COX = Cyclooxigenase
CPS = Carbamoylphosphat-Synthase
CTP = Cytidintriphophat
CuA = Kupferzentrum A
CuB = Kupferzentrum B
Cys = C = Cystein
Cyt c = Cyt c1 = Cytochrom c

DMAP = Dimethylaminophenol
DNA = Desoxyribonukleinsäure
dTMP = Desoxitymidinmonophosphat

ER = Endoplasmatisches Retikulum
ETF = Elektronentransferierendes Flavoprotein
EZR = Extrazellularraum

FAD = Flavin-Adeninnukleotid
FAICAR = 5-Formamidoimidazol-4-carboxamidribonukleotid
Fe-S = Eisen-Schwefel-Komplex
FGAM = Formylglycinamidinribonukleotid
FGAR = Formylglycinamidribonukleotid
FMN = Flavinmononukleotid
Fru = Fruktose
FSH = Follikelstimulierendes Hormon

Gal = Galaktose
GAR = Glycinamidribonukleotid
GLDH = Glutamat-Dehydrogenase
Glk = Glukose
Gln = Q = Glutamin
Glu = E = Glutamat
Gly = G = Glycin
GMP = Guanosinmonophosphat
GTP = Guanosintriphosphat

Häm a = Häm a_3 = Hämoglobinzentrum a
HGPRT = Hypoxanthin-Guanin-Phosphoribosyltransferase

HHL = Hypophysenhinterlappen
His = H = Histidin
HMB = Hydroxymethylbilan
β-HMG = β-Hydroxy-β-Methylglutaryl
HT = Hypothalamus
HVL = Hypophysenvorderlappen

Ile = I = Isoleucin
IMP = Inosinmonophosphat

α-KS4 = 2-Oxobutyrat
α-KS5 = 2-Oxovaleriat
α-KS6a = 3-Oxoadipat
α-KS6b = 2-Oxo-3-Methylvalinat
α-KS9 = 4-Hydroxyphenylpyruvat
KPG = Koproporpyrinogen

LCAT = Lecithin-Cholesterin-Acyltransferase
Leu = L = Leucin
LH = Luteinisierendes Hormon
LPL = Lipoprotein-Lipase
Lys = K = Lysin

Met = M = Methionin
MSH = Melanozytenstimulierendes Hormon

NAD = Nikotinamid-Adenin-nukleotid
NADP = Nikotinamid-Adenin-nukleotid-Phosphat
NANA = N-Acetylneuraminsäure
NNR = Nebennierenrinde

OMP = Orotidinmonophosphat
Orn = Ornithin

PBG = Porphobilinogen
PDH = Pyruvat-Dehydrogenase
Phe = F = Phenylalanin
PP = Protoporphyrin
PPG = Protoporphyrinogen
PRA = Phosphoribosylamin
Pro = P = Prolin
PRPP = Phosphoribosylpyrophosphat

Q = Ubichinon
QH_2 = Ubihydrochinon

SAICAR = 5-Aminoimidazol-4-N-succinocarboxamid-ribonukleotid
Ser = S = Serin

TAG = Triacylglycerine
TSH = Thyreoideastimulierendes Hormon
THB = Tetrahydrobiopterin
THF = Tetrahydrofolsäure
Thr = T = Threonin
TPP = Thiaminpyrophosphat
TRH = Thyreotropin Releasing Hormon
Trp = W = Tryptophan
Tyr = Y = Tyrosin

UDP = Uridindiphosphat
UMP = Uridinmonophosphat
UPG = Uropyrinogen
UTP = Uridintriphosphat

Val = V = Valin

Quellen

Abbildung U2-Klappentext: Florin Schneider, Marburg

Ahrens, Gerhard: Die Urinanalyse. Johann Ambrosius Barth Verlag, Leipzig 1966

Campbell, Neil A.: Biologie. Spektrum Akademischer Verlag, Heidelberg, Berlin, Oxford 2000

Classen Meinhard et. al.: Innere Medizin. 5. Auflage. Urban & Fischer Verlag, München, Jena 2004

Greiling, Helmut, Gressner, Axel M.: Lehrbuch der Klinischen Chemie und Pathobiochemie. 2. Auflage. Schattauer Verlag, Stuttgart, New York 1989

Herold, Gerd: Innere Medizin : eine vorlesungsorientierte Darstellung. Köln 2004

Horn, Florian et. al.: Biochemie des Menschen. 2. Auflage. Thieme Verlag, Stuttgart, New York 2003

Jander, Gerhart, Jahr, Karl Friedrich: Maßanalyse. 14. Auflage. de Gruyter, Berlin, New York 1986

Karow, Thomas, Lang-Roth, Ruth: Allgemeine und Spezielle Pharmakologie und Toxikologie 2004

Koolman, Jan, Röhm, Klaus-Heinrich: Taschenatlas der Biochemie. Thieme Verlag, Stuttgart, New York 2003

Kreutzig, Thomas: Kurzlehrbuch Biochemie. 11. Auflage. Urban & Fischer Verlag, München, Jena 2002

Löffler, Georg, Petrides, Petro E.: Biochemie und Pathobiochemie. 7. Auflage. Springer Verlag, Berlin, Heidelberg, New York 2003

Rehm, Hubert, Hammar, Friederike: Biochemie light. 2. korrigierte Auflage. Verlag Harri Deutsch, Frankfurt am Main 2001

Streitwieser, Andrew, Heathcock, Clayton: Organische Chemie. VCH, Weinheim 1994

Stryer, Lubert: Biochemie. 5. Auflage. Spektrum Akademischer Verlag, Heidelberg, Berlin, Oxford, 2003

Voet, Donald, Voet, Judith, G.: Biochemistry. 2. Auflage. Wiley & Sons, New York 1995

Zech, Ronald, Domagk, Götz. F.: GK1 Biochemie. 16. Auflage. Thieme Verlag, Stuttgart, New York 2003